ROBERTO BRASERO

Pequeña HISTORIA del CLIMA

Ilustraciones de

JVLIVS

ROBERTO BRASERO

Pequeña HISTORIA del CLIMA

Ilustraciones de

JVLIVS

ESPASA

Espasa es un sello de Editorial Planeta, S. A.
Avda. Diagonal, 08034 ,664-662 Barcelona
www.planetadelibros.com
www.espasa.es

Primera edición: abril, 2025

Diseño de cubierta: Planeta Arte & Diseño
Ilustración de cubierta: Jvlivs
Ilustraciones de interior: Jvlivs y Guillermo
Diseño de interiores y maquetación: María Jesús Gutiérrez

Depósito legal: B. 2025-6.850
ISBN: 8-7673-670-84-978

Impreso en España - *Printed in Spain*
Impresión: Graficas Estella

PEFC Certificado
Este libro procede de bosques gestionados de forma sostenible
PEFC
PEFC/14-38-00305
www.pefc.es

Para Elena, Rocío, Íñigo y Nerea,
¡el futuro es vuestro!

Índice

III. EL TIEMPO QUE TENEMOS

IV. EL CLIMA DEL FUTURO

PRIMERA PARTE

Hace mucho, mucho tiempo...

1

TENEMOS MUCHA SUERTE

Antes de empezar a contarte cosas quiero confesarte una: yo soy una persona muy inquieta, por dentro y por fuera. Hay quien me llama nervioso, pero es solo porque se queda con la parte de fuera: me muevo mucho, hablo deprisa, gesticulo con las manos y con los ojos, sobre todo cuando quiero que se comprenda bien algo que estoy diciendo... Eso es lo que se ve por fuera. Lo de ser inquieto por dentro es más difícil de apreciar, pero seguramente te pasará a ti también: cuando tienes alguna duda o hay algo que no comprendes bien y no paras de dar vueltas en tu cabeza hasta encontrar una posible respuesta. Así somos los seres inquietos.

Y ahora que ya me he presentado, lo primero que me gustaría contarte es la enorme suerte que tengo de haber escrito este libro y de que tú lo estés leyendo. Y no lo digo porque tu padre o tu madre, o a lo mejor tu abuelo o tu abuela, lo hayan visto en una librería y hayan decidido regalártelo porque me conocen de la tele, o que un profe te lo haya recomendado porque sabe que te gusta aprender... No lo digo por eso. Me refiero a la suerte que tenemos tú y yo de estar en este planeta, bajo una atmósfera que nos protege y nos permite respirar, jugar, pensar... o escribir este libro. En eso, amigos, es en lo que somos verdaderos afortunados. Y eso es también lo que distingue a nuestro planeta de otros de este enorme universo que habitamos: el clima hace posible que se desarrolle la vida tal y como la conocemos... así que haces bien en dedicarle parte de tu tiempo, más allá de que a lo mejor te lo haya pedido el profe. ¡Seguro que no te vas a arrepentir!

La importancia del clima

Para que yo haya podido escribir este libro y tú puedas estar leyéndolo se han tenido que dar una multitud de circunstancias, pero ninguna hubiera sido posible si no tuviésemos luz, aire y agua. Por eso el papel del clima es tan importante: si pensamos en la vida como una obra que se representa en un teatro, el clima sería el

encargado de poner en pie los distintos escenarios donde se desarrolla la función. Y como los escenarios son distintos, lo que en ellos acontece también lo es. El clima tiene un papel fundamental en la creación y el mantenimiento de la vida en la Tierra tal como la conocemos. Y como ocurre en tu cole, en el instituto y en la mayoría de los edificios, también tenemos un encargado del mantenimiento. En nuestro teatro, la responsable de mantenimiento es una vieja conocida: la atmósfera.

Cuando digo que los terrícolas tenemos mucha suerte lo digo porque estamos en el lugar adecuado y tenemos las condiciones adecuadas. El agua hace posible que exista vida, sí, pero falta añadirle un adjetivo: el **agua líquida.** La presencia de agua líquida es fundamental para la vida tal como la conocemos. Y no solo estoy

pensando en beber o en la hidratación del cuerpo humano. El agua hace posible que se den las reacciones químicas necesarias para el metabolismo y proporciona un medio para la existencia de ciertos organismos. Como enseguida comprobarás si sigues leyendo el libro, sin agua líquida no hubiera surgido la vida en la Tierra. Y en nuestro planeta podemos tener agua líquida porque tenemos la suerte —fíjate si somos afortunados— de estar justo a la distancia apropiada del Sol: ni demasiado cerca ni demasiado lejos. Es lo que se llama la zona de habitabilidad de una estrella. Si estuviéramos más cerca podríamos tener agua, sí, pero estará siempre en estado gaseoso y solo habría vapor de agua; y si estuviéramos más lejos, el agua estaría siempre congelada porque no llegarían con suficiente fuerza los rayos del sol.

La **luz del sol** tarda 8 minutos y 20 segundos en llegar a la Tierra y en ese rayo de luz nos llega, en forma de radiación electromagnética, la energía necesaria para poner en marchar el motor de la vida. Como en cualquier casa que conozcas, en esta casa que habitamos en la inmensidad del universo también necesitamos luz y calor para poder vivir.

En último lugar, el **aire.** Aquí, en la Tierra, no solo podemos beber... ¡también podemos respirar! Eso es algo que no podríamos decir ni en Marte ni en Júpiter, por ejemplo. El oxígeno presente en el aire hace posible que respiremos... pero el aire no solo es oxígeno. De hecho, el gas mayoritario en nuestra atmósfera es el nitrógeno (78,08 %), luego está el oxígeno (20,95 %) y luego gases en menor cantidad como el argón (0,93 %) y el dióxido de carbono (0,035 %), y este último es fundamental para la vida ya que permite que las plantas hagan la fotosíntesis.

La clave está en la atmósfera

Pero la atmósfera no solo es importante porque alberga el oxígeno que nos permite respirar. Gracias a esa mezcla de gases que llamamos atmósfera podemos tener en la Tierra una temperatura adecuada para la vida y, sobre todo, para la especie humana. Es lo que llamamos el efecto invernadero. Su funcionamiento es muy simple: piensa cómo es un invernadero, porque seguro que has visto alguno (y si no conoces ninguno, que alguien te lleve a uno de esos centros comerciales donde se venden flores y plantas y donde seguramente habrá uno). Dentro de esa pequeña construcción, que suele tener los techos de plástico o cristal, tienes una temperatura distinta al exterior, y normalmente más cálida. Eso ocurre porque la luz solar puede entrar por sus techos trasparentes, calienta el interior y luego ese calor no puede salir y se queda atrapado dentro del invernadero (aumentando por eso su temperatura interior). ¿Y por qué sí puede entrar el calor, pero no puede escaparse? Porque la luz y el calor no son lo mismo. Ambas son ondas —físicamente hablando— pero tienen distintas características: la luz que llega desde el sol es de onda corta y eso le permite atravesar el cristal o el plástico; luego calienta el suelo y ese calor que se escapa es también una radiación, pero de onda larga, y esa ya no es capaz de atravesar el techo o las paredes. La onda corta puede pasar, la onda larga no puede salir. Así es como el calor se queda atrapado dentro del invernadero. Y eso es lo mismo que ocurre en nuestro planeta.

El planeta Tierra es como gigantesco invernadero y nuestro techo es la atmósfera, y concretamente algunos de sus gases que, por eso mismo, se llaman gases de efecto invernadero o GEI: el CO_2, el metano o el vapor de agua. Lo que ocurre es que el rayo

de luz solar —onda corta— atraviesa la atmosfera sin calentarla y, después, es el calor que irradia la Tierra —onda larga— el que se queda atrapado por los GEI, haciendo que la temperatura sea más alta. En la actualidad, la temperatura media del planeta es de 15,6 °C. Sin ese efecto invernadero de nuestra atmósfera la temperatura media de la Tierra sería de unos -18 °C, extremadamente fría para la vida tal y como la conocemos.

Habrás deducido que con una mayor cantidad de GEI en la atmósfera el efecto invernadero será mayor y, por tanto, la temperatura en la Tierra será más alta. Esa es la base del calentamiento global y una de las causas de los cambios climáticos. Tanto del actual —donde el aumento de los GEI, y sobre todo del CO_2, tiene que ver con la actividad humana— como de otros muchos cambios que ha sufrido el clima cuando por causas naturales aumentaba o disminuía el efecto invernadero y subía o bajaba el termostato de nuestro planeta. De sus causas y del actual calentamiento global hablaremos en la última parte del libro, pero primero conozcamos ahora cómo surgió esta atmósfera que tan importante es para la vida, cómo fueron aquellos remotos climas del pasado y cómo sucesivos cambios climáticos a lo largo del tiempo han moldeado la historia de nuestro planeta y de la vida que en él se desarrolla. Comienza la pequeña gran historia del clima.

2

UN CLIMA CAMBIANTE

La Tierra tiene unos 4600 millones de años, y durante todo este tiempo el clima no ha sido siempre el mismo. Ni mucho menos. Al revés: si algo tiene el clima es que ha cambiado, y mucho, a lo largo de la historia de nuestro planeta. Imagínate un planeta con una temperatura tan alta que no pueda existir agua líquida y ahora piensa en un planeta tan, tan, tan frío que casi esté cubierto por entero de una gruesa capa de hielo. Pues, aunque te parezca imposible, ese planeta es el mismo: te estoy describiendo nuestro planeta Tierra, solo que en distintas fases de su larga historia... Fases en las que teníamos un clima radicalmente distinto.

Para repasar la historia del clima de la Tierra tenemos que saber primero cuáles son esas fases en las que se divide el tiempo geológico de nuestro planeta. Los científicos han repartido nuestra historia geológica (desde que se creó el planeta hasta la actualidad) en cuatro grandes divisiones llamadas eones. Y luego, dentro de cada eón, también hay subdivisiones: las eras, los periodos y las edades. Parece complicado, pero puedes hacerte una idea con este juego: vamos a comparar la historia de la Tierra con una ciudad que tenga cuatro barrios. Cada barrio sería un eón. Dentro de los barrios hay casas de varias plantas: las casas serían las eras y las plantas, los periodos. El barrio más antiguo está tan lejos que apenas sabemos lo que contiene, pero en cambio el barrio más reciente está muy estudiado y, además de conocer sus casas y cada planta de cada vivienda, sabemos que estas también tienen habitaciones: estas serían las épocas.

Los cuatro eones (los barrios) tienen nombres muy llamativos: eón Hádico, eón Arqueozoico, eón Proterozoico y eón Fanerozoico. Parecen nombres difíciles, pero los propios nombres nos dan pistas de lo que sucede en ellas. El primero hace referencia al dios Hades —el dios griego del infierno—, porque cuando se creó la Tierra hace 4600 millones de años debía de ser muy parecida a lo que la mitología entiende por un infierno. El segundo, el eón Arcaico o Arqueozoico, es un nombre formado por dos palabras también griegas, *archeos* ('antiguo') y *zoos* ('vida'), y significa algo así como 'vida antigua' porque es en ese periodo cuando nacen los primeros organismos. El tercero es el eón Proterozoico, o 'casa de la primera vida', y el cuarto, el Fanerozoico, que podríamos traducir como 'la vida evidente' porque en él ya tenemos la vida tal como la conocemos ahora y no formas tan básicas como al principio. Esto que te cuento es solo para que sepas que los nombres que ponen los científicos no se los inventan al buen tuntún y todos tienen una explicación: a veces el nombre en sí ya nos está danto pistas de aquello a lo que se refiere.

Ahora mismo, en la escala temporal del planeta Tierra, estamos en el último eón: nuestro barrio actual es el eón Fanerozoico (la vida evidente). Es un barrio que tiene tres casas: las eras Paleozoica, Mesozoica y Cenozoica, y esta última era o casa es en la que nosotros vivimos ahora. Pues bien, la era Cenozoica tiene tres plantas o periodos: el Paleógeno, el Neógeno y el Cuaternario. En la tercera planta —el Cuaternario— hay, de momento, dos habitaciones, que son las épocas: el Pleistoceno y el Holoceno. ¡Ahí es donde estamos ahora! Si un viajero del tiempo —del tiempo geológico, para ser exactos— quisiese llegar a nuestro presente, ya sabes la dirección que tendrías que darle: vivimos actualmente en el Holoceno, segunda época del periodo Cuaternario, de la era Cenozoica dentro del eón Fanerozoico. ¡Así seguro que nos encuentran!

Y todo esto te lo cuento, primero, para situarnos y, segundo, porque dentro de cada eón, de cada era, de cada periodo, se han sucedido pasos fundamentales para acabar configurando esta atmósfera y este planeta que ahora tenemos y seguro que te resulta interesante saber cómo han ido surgiendo a lo largo del tiempo. Además, como te decía al principio, en cada uno de ellos teníamos un clima muy distinto y seguro que también te va a resultar entretenido conocer. El clima en el que vivían los dinosaurios o el tiempo que se encontraría el hombre de Cromañón al salir de la cueva... Pero no nos adelantemos tanto aún, que esta Tierra que habitamos es muy vieja y tenemos que irnos al principio de todo para empezar nuestro recorrido por su historia. Hace mucho, mucho tiempo nuestro planeta era... ¿Seguro que quieres seguir? Porque a lo mejor lo que vas a averiguar de aquel tiempo no te gusta mucho... ¡O puede que sí!

3

ESTA TIERRA ERA UN INFIERNO

Cuanto se creó la Tierra, la temperatura de nuestro planeta debía de rondar los 6000 °C. Poca broma. Ahora mismo la temperatura media es de unos 16 °C. Es difícil hacerse una idea de cuánto son seis mil grados... Por si te sirve: el aluminio del que seguramente estén hechos los marcos de las ventadas de tu casa se derrite a 660 °C y el hierro —que mira que es duro— se funde cuando la temperatura alcanza los 1538 °C. Así que 6000 son un montón.

El Sol no era el responsable de que hiciese tanto calor en la Tierra de aquel tiempo remoto. En aquel entonces, hace unos 4600 millones de años, nuestra estrella también estaba en su tierna infancia y era menos potente que ahora: su luminosidad entonces era un 30 % más baja que la actual. El calor venía de los numerosos volcanes en activo que teníamos en la Tierra, de los constantes impactos de meteoritos que recibía nuestro planeta y de las reacciones nucleares que se producían entre las rocas calientes.

En aquel planeta no había agua líquida, ¡es imposible con estas temperaturas! Eso tú lo sabes bien si has tenido que cocinar alguna vez o has visto a tus padres hacer unos huevos duros, por ejemplo: abres el grifo, llenas una cacerola de agua y la pones a calentar con una tapa. Al rato vas a meter los huevos y, cuando levantas la tapa, sale de golpe una nube de humo; entonces descubres que en la olla queda la mitad del agua que echaste. ¿Dónde ha ido? Pues está ahí, en forma de vapor, mezclada con el aire de la cocina. En aquella Tierra original no había agua líquida porque, como seguro que sabes, el agua se evapora cuando llega a 100 °C y entonces estábamos muy, pero que muy por encima de esta temperatura. Pero sí teníamos mucho vapor de agua en el ambiente. Ya ves que digo *ambiente* y no digo *en el aire,* porque no me atrevo a llamar aire a aquello que teníamos hace 4600 millones de años: todavía no se parecía en nada al que tenemos ahora para respirar. Al principio, en la Tierra no había atmosfera y tampoco existía el oxígeno, que como hemos visto es uno de los componentes del aire que respiramos ahora. Había mucho hidrógeno, había metano y amoniaco, pero ni rastro del oxígeno molecular.

Por eso te decía que lo mejor no te iba gustar ese mundo que era la Tierra al poco de su nacimiento: un planeta sin agua líquida, y eso quiere decir que no había mares ni océanos. Sí había en cambio millones de piedras y rocas y volcanes en constante erupción que expulsaban enormes cantidades de azufre, dióxido de carbono y vapor de agua bajo aquella atmósfera primitiva con un aire irrespirable para nosotros. Y para tu gato.

Aquel mundo remoto también tenía otras cosas. El día y la noche eran más cortos que ahora. La duración del día depende de la rotación de la Tierra sobre su propio eje, y hace 4500 millones de años la Tierra giraba más rápidamente que ahora: puede que diese una vuelta entera en 10 horas en lugar de hacerlo en 24 horas. Era un planeta dinámico y viscoso, excesivamente cálido, con una actividad volcánica incesante y también, seguramente, con constantes

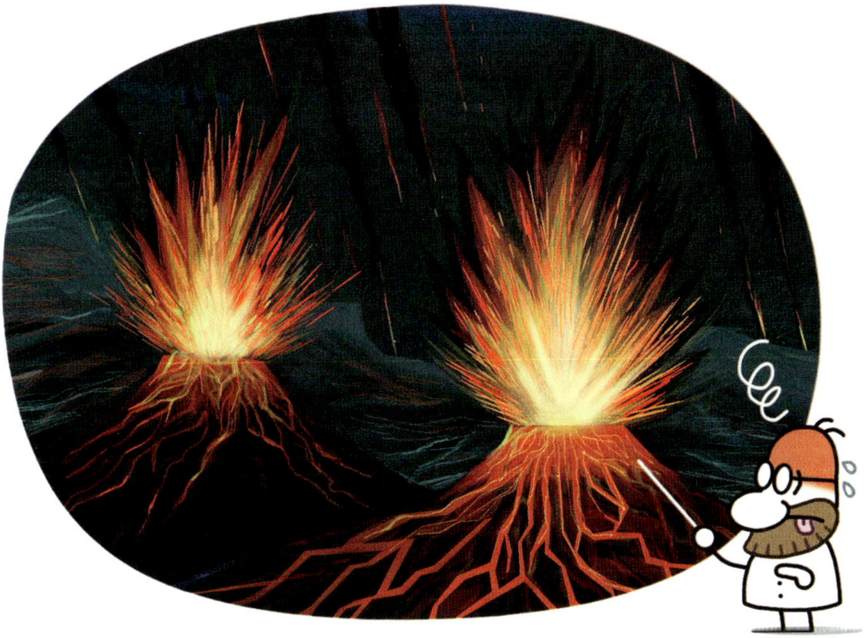

tormentas eléctricas, ya que sabemos que a los rayos les encantan los ambientes cargados de humedad y en aquel tiempo, con tanto vapor de agua, tendrían el terreno perfecto, o mejor dicho, el ambiente ideal para que tuviésemos numerosos rayos y relámpagos. Un planeta ardiente y hostil que recuerda al «infierno» que dibujan los autores mitológicos: el inframundo que gobernaba el dios Hades. Y por eso a este primer periodo de la Tierra, que abarca de los 4600 a 4000 millones de años, se le conoce como el eón Hádico: un mundo muy distinto al actual, aunque sea el mismo, y donde no existía vida. Para que fuera posible la vida tendrían que llegar el oxígeno y la atmósfera, y para eso tenemos que saltar de eón.

Vamos, que cambiamos de barrio.

4

LA ATMÓSFERA ENTRA EN JUEGO

Estamos ya en el eón Arcaico o Arqueozoico, que significa 'la vida antigua'. ¡Ya te dije que los nombres nos daban pistas!... Efectivamente, en este periodo de la Tierra empiezan a aparecer los primeros signos de vida y se ponen las bases para que podamos tener una atmosfera tal y como la conocemos. Pero tienes que pensar que eso no ocurrió de la noche a la mañana, sino que fue un proceso muy lento, de miles de millones de años. Las primeras evidencias de oxígeno datan del eón Arcaico, hace unos 3500 millones de años, pero para tener algo parecido a la atmosfera actual hay que esperar a lo que conocemos como la Gran Oxidación, que ocurrió hace unos 2500 millones años, saltando ya al eón Proterozoico. Veamos qué ocurrió entre medias para que pudiéramos dar ese salto fundamental que nos sacó del «infierno» y permitió que surgiese la vida en la Tierra: la formación de la atmósfera, la responsable de mantenimiento con su labor imprescindible para que podamos respirar, tengamos la temperatura adecuada y para que pueda llover o nevar... ¡y yo tenga cosas que contar cuando doy el tiempo en la tele!

Habíamos dejado la Tierra en aquel periodo que recordaba al infierno: un planeta caliente y hostil. Pero aquel mundo fue enfriándose poco a poco. Con el paso del tiempo, los meteoritos dejaron de impactar, o al menos lo hacían ya con menor frecuencia. Al bajar la temperatura, el vapor de agua podía transformase ya en agua líquida. Hace 3800 años el clima de nuestro planeta aún era muy cálido y la atmósfera era muy débil, muy ligera, compuesta en gran parte por dióxido de carbono (CO_2), pero ya había mares y océanos. Y es ahí donde nació la primera vida de la Tierra, la más antigua, esa vida arcaica que da nombre a este eón: las cianobacterias.

Las cianobacterias son organismos pueden vivir en ambientes extremos y tienen una gran capacidad para adaptarse a casi todas las condiciones ambientales. Otra de sus características es que hacen la fotosíntesis. Y ahí está la clave del asunto, la primera piedra de nuestro edificio: las cianobacterias realizan la llamada «fotosíntesis oxigénica», en la que se aprovecha la energía solar para romper las moléculas de agua, lo cual libera electrones, protones... y oxígeno. Es decir, fabrican oxígeno molecular (O_2) a partir del dióxido de carbono (CO_2) y del agua (H_2O) usando la luz del Sol. Y en aquel planeta arcaico teníamos luz solar a montones, teníamos CO_2 a cascoporro y empezábamos a tener agua. Y fueron las cianobacterias las que se pusieron a fabricar oxígeno a mansalva.

Además, todavía teníamos los volcanes muy activos, liberando gases y vapor de agua desde el interior de la Tierra hacia la atmósfera en sus continuas erupciones, lo que contribuyó a aumentar la densidad del aire. Así que ahora teníamos ya una atmósfera que

había comenzado a cambiar su composición—ya empezaba a tener oxígeno— y que además dejaba de ser tan ligera y pasaba a ser lo suficientemente densa como para representar un papel más protagonista en el clima de la Tierra.

Poco a poco las bacterias fueron haciendo su trabajo. El oxígeno resultante no era mucho, pero la suma de muchos pocos durante muchos millones de años hizo su efecto. Se calcula que hicieron falta 1000 millones de años para que, por primera vez en la historia de la Tierra, tuviésemos una cantidad de oxígeno similar a la que tenemos ahora. Los científicos llaman «eventos» a estos momentos destacados que marcan un antes y un después en la historia de nuestro planeta y este se conoce en el mundo científico como la Gran Oxidación (GEO por sus siglas en inglés: *Great Oxidation Event*). Ocurrió hace unos 2500 millones de años y supuso un cambio significativo en la composición de la atmósfera terrestre, con un aumento notable en los niveles de oxígeno molecular (O_2).

Este incremento en los niveles de oxígeno tuvo un impacto profundo en la Tierra y su biosfera. Por un lado, permitió la evolución y proliferación de organismos aeróbicos, es decir, organismos capaces de utilizar oxígeno para a la respiración celular. Por otro lado, la presencia de oxígeno en la atmósfera dio lugar a reacciones químicas oxidativas que afectaron a la composición de la corteza terrestre: por primera vez podíamos tener minerales oxidados que propiciaban cambios geológicos significativos que, a su vez, producían cambios en la biosfera terrestre. En la Tierra todo se relaciona y la atmosfera contribuye a que sea posible. A partir de ahora empiezan todos esos cambios del tiempo que ahora nos resultan tan familiares y que algunos nos dedicamos a contar en televisión.

Pero entonces no había televisión, ni siquiera había nadie para darse cuenta de esos cambios de tiempo: para que habitasen este planeta los primeros humanos aún faltaban varios miles de millones de años y, antes que nosotros poblásemos la Tierra, otra especie muy interesante tuvo su clima peculiar: los dinosaurios. Enseguida contamos cómo era el clima de los grandes «lagartos», pero antes vamos a conocer algo más de ese periodo desde que se creó la atmósfera en la Tierra hasta que aparecieron los dinosaurios sobre ella. Fue un periodo muy amplio y también muy interesante: pasamos de tener un planeta que parecía un infierno ardiente a uno que casi se congeló por completo y que, visto desde el espacio, sería semejante a una auténtica bola de nieve.

¿Cómo fue posible este tremendo cambio?

5

UNA BOLA DE NIEVE EN EL UNIVERSO

Con el transcurrir de los años —o, mejor dicho, de los miles de años— la atmósfera de nuestro planeta fue enriqueciéndose en oxígeno a la vez que disminuía la cantidad de CO_2 y de metano. También el volumen de vapor de agua iba siendo menor mientras que el agua, ya líquida, incrementaba el volumen y tamaño de mares y océanos. Así iba cambiando nuestro planeta. Y así iba cambiando también su clima. Hace 2300 millones de años llegaron las primeras glaciaciones que conoció la Tierra y durante el eón Proterozoico se dieron las glaciaciones más intensas que ha conocido este mundo que habitamos, desde su creación hasta el presente. Posteriormente ha habido más glaciaciones, las conocidas como glaciaciones del Cuaternario, de las que hablaremos en capítulos siguientes, pero

ya no fueron tan *heavys* como aquellas primeras glaciaciones de las que vamos a hablar ahora. En aquella Tierra remota fue cuando pudo ocurrir el fenómeno que los científicos han llamado *Snowball Earth*: un planeta cubierto de hielo casi por completo, con casquetes de hielo no solo en los polos sino también los trópicos y puede que hasta en el ecuador. Un planeta que, visto desde fuera, sería como una enorme bola de nieve flotando en el universo. Y se trata de esta misma Tierra donde ahora vivimos, solo que con clima muy distinto.

Ya vimos en el primer capítulo en qué consiste el efecto invernadero que hace posible la vida en la Tierra: la presencia en la atmósfera de determinados gases que «atrapan» el calor que irradia la Tierra e impide que se escape, haciendo que nuestra temperatura sea unos 33 grados superior a la que tendríamos si no hubiera atmósfera. Pues bien, ahora piensa en el proceso contrario: si la presencia de esos gases en la atmósfera disminuye también baja la temperatura, ya que una mayor cantidad de calor acabaría escapándose. Lo mismo que ocurre en tu casa en invierno cuando se queda la puerta un poco abierta o no cierras bien la ventana: el calor se escapa y la habitación empieza a enfriarse.

La Tierra se enfría

Y eso es lo que pasó al inicio del eón Proterozoico: la disminución del vapor de agua, el metano y el CO_2 trajo como consecuencia una reducción del efecto invernadero (menor retención del calor) y, por tanto, una bajada de temperaturas. Al hacer más frío, el agua de los océanos empezó a congelarse. Recuerda que tenemos ya océanos más extensos y por lo tanto la superficie que se congelaba era también de mayor extensión. Esto tenía una segunda consecuencia: aumentaba lo que se conoce como «efecto albedo». Esta palabra, que en latín significa 'blancura', es un concepto clave para todos los temas del clima y el cambio climático. El albedo es el porcentaje de radiación que cualquier superficie refleja respecto a la radiación que incide sobre ella. Te lo explico mejor: los rayos del Sol indicien sobre todas las superficies, pero no todas se quedan con la misma cantidad de radiación, porque hay una cantidad que reflejan y, por lo tanto, que devuelven al espacio. Depende del color de la superficie o del material del que esté hecha. Por ejemplo, las superficies de color claro reflejan más que las oscuras (tienen un albedo mayor) y las superficies mates reflejan menos que las brillantes (tienen un albedo menor). Y lo interesante aquí: si no reflejas esa radiación, te la quedas, y si te la quedas, te calientas. Por lo tanto, las superficies oscuras se calientan más que las claritas. Tú lo puedes comprobar este verano en la piscina: pones al sol una toalla azul oscuro o negra y otra amarilla o blanca y pasado un rato verás que la oscura está mucho más caliente que la blanca, habiendo estado todas expuestas al sol el mismo tiempo. En Andalucía lo saben desde hace siglos y por eso las casas de los pueblos están pintadas de blanco: para que retengan menos calor y que el verano sea más llevadero.

Pues bien, en el caso del clima nos interesa saber que un océano congelado es más clarito y tiene mayor albedo que esa misma superficie líquida, que es más oscura. Por lo tanto, un mar cubierto de hielo refleja más cantidad de radiación y se calienta menos.

Volviendo a nuestro pasado remoto, resulta que tenemos un planeta que se iba enfriado, provocando que sus mares se fueran congelando, lo que hacía que, al aumentar la superficie congelada, la cantidad de calor que rechazaba era también mayor. Es lo que los científicos llaman un «efecto de retroalimentación» del sistema climático. Tus padres y los míos lo dirían de otra manera: era «la pescadilla que se muerde la cola».

La primera glaciación

El caso es que se dieron las condiciones perfectas para que el hielo campara a sus anchas por este nuestro planeta, y hace unos 2300 millones de años la Tierra vivió su primera glaciación: la glaciación huroniana. Muchas veces, en geología, el nombre del evento en cuestión se toma prestado del lugar donde se han encontrado las pruebas de ese evento. En este caso fue en el lago Hurón, en Canadá, donde se hallaron las evidencias geológicas de la que pudo ser la primera vez en la que hielo se extendiera por la mayor parte del planeta: eso es lo que conocemos como «glaciación». Y esta no iba a ser la última, ni mucho menos.

La glaciación huroniana fue un evento global que involucró la expansión de grandes casquetes de hielo y glaciares que cubrían grandes áreas de la superficie terrestre. Estas glaciaciones tuvieron un impacto significativo en el paisaje, el clima y la biología de la Tierra en ese momento, y dejaron un registro geológico distintivo que los científicos han utilizado para reconstruir las condiciones ambientales de esa época.

Pero si aquella tierra ya parecía muy fría, enseguida vinieron otros episodios que fueron incluso más allá. Se trata de los episodios de Tierra Bola de Nieve que tuvieron lugar durante el periodo Neoproterozoico, que abarca desde hace aproximadamente 1000 millones de años hasta hace unos 542 millones de años. Sin embargo, la cronología exacta y la duración de estos eventos glaciales aún son temas de debate entre los científicos.

La primera gran extinción

Parte de la comunidad científica cree que en estos periodos el hielo llegó a cubrir por primera vez el ecuador. Y al final de estas gigantescas glaciaciones se produjo la primera gran extinción.

Por aquel entonces, como pasa ahora, la mayor parte de la Tierra era agua y, por lo tanto, casi toda la vida era vida acuática. Además, esa vida acuática se concentraba en aguas someras, es decir, los primeros metros del océano, que es donde llega más luz. Con las glaciaciones se produjo un descenso significativo del nivel del mar ¡de hasta 100 metros!, así que de repente se redujeron los hábitats marinos someros donde vivía la mayoría de la vida marina. Y no solo es que ya no tuvieran el mismo sitio para vivir, es que además también cambiaron las condiciones del agua en la que vivían. El enfriamiento global asociado a las glaciaciones afectó tanto a la temperatura del agua como a la química del océano, incluyendo posibles cambios en los niveles de oxígeno y dióxido de carbono. Tenían menos sitio, un agua más fría y químicamente distinta: aproximadamente el 85 % de las especies marinas se extinguieron y los ecosistemas de arrecifes también resultaron severamente impactados.

Este primer evento de extinción masiva, aunque lejano, es también un ejemplo de cómo los cambios climáticos y geológicos pueden tener efectos drásticos en la vida en la Tierra. A partir de aquí el clima de nuestro planeta ha seguido una dinámica en la que se alternan las grandes épocas frías con otras más cálidas, con el consiguiente impacto de unas y otras en el desarrollo de la vida.

La Casa Verde y la Casa de Hielo

Si las glaciaciones, y otras causas, condujeron a una primera gran extinción, el periodo más cálido con el que comienza el eón Fanerozoico nos trae otro episodio similar, pero de signo completamente contrario: una explosión de vida conocida como la «explosión cámbrica», que es el nombre del primer periodo de esta nueva era (recuerda lo de los barrios y las casas). Estamos ya en nuestro barrio actual —el eón Fanerozoico— pero todavía en una casa que nos pilla muy lejos: la era Paleozoica.

En esta nueva fase de la Tierra y de su clima, la variabilidad climática fue una constante. Desde hace unos 540 millones de años hasta la actualidad nuestro clima entró en una dinámica en la que alternaban grandes periodos de calor con otros de frío intenso. Y esta dinámica llega hasta la actualidad. Cada uno de los periodos son de distinta duración, de miles de millones de años a solo unos miles de años y, en general, suelen ser más largos los cálidos que los fríos. Sus nombres, una vez más, son reveladores, pero, además, esta vez, podrían ser perfectamente los de algún episodio de *Juego de Tronos*: la Casa Verde y la Casa de Hielo. En inglés, la *Greenhouse* y la *Icehouse*, las dos maneras generales en las que viene comportándose el clima en la Tierra desde hace 540 millones de años hasta la actualidad.

La *Greenhouse,* o Casa Verde, se refiere a un planeta libre de hielos y la *Icehouse*, o Casa de Hielo, se utiliza cuando hay presencia de hielos en el planeta. Dentro de cada uno de esos escenarios hay también unas fases más o menos cálidas y otras menos o más frías. Dentro del escenario *Icehouse,* la fase más fría es la que llamamos «glaciación» y la menos fría se llama «periodo interglacial». Ahora mismo, año 2025, vivimos en un periodo interglacial dentro de un escenario de *Icehouse*: hay hielo en nuestro planeta, aunque restringido a los casquetes polares y a los glaciares de las montañas, pero no en tantas otras zonas del planeta donde puedes encontrar hielo durante las glaciaciones.

En general los escenarios *Greenhouse* duran mucho más que los *Icehouse*, y los cambios de uno a otro también son distintos: la tierra suele calentarse rápidamente, pero tarda más en enfriarse.

La explosión cámbrica

Paralelamente a estos grandes cambios climáticos, se produjeron cambios en la evolución de las especies que habitaban la Tierra. Con la explosión cámbrica, hace 540 millones de años, aparecen ya muchos de los principales grupos de animales actuales. Luego llegó la colonización de la Tierra, cuando las plantas, hongos y animales comenzaron a expandirse por los continentes, que por aquel entonces volvieron a juntarse en otro supercontinente llamado Pangea, el

más conocido y el más reciente de todos, que se formó hace aproximadamente 335 millones de años. En este momento, el llamado periodo Carbonífero, es cuando tenemos la Tierra cubierta de una enorme vegetación, gigantescas plantas y árboles tropicales, que después, al quedar enterrados, darán lugar a los inmensos depósitos de carbón, gas y petróleo. Y es aquel carbono que se eliminó de la atmósfera hace miles de millones de años el que ahora está volviendo a ella de una manera brusca con el uso de esos combustibles que llamamos «fósiles», y que de nuevo alteran el equilibro atmosférico aumentando el efecto invernadero y provocando, por tanto, un calentamiento acelerado.

Y el último hito destacado de este capítulo de la historia de nuestro planeta: la fragmentación de Pangea. El último supercontinente comenzó a fragmentarse en el Triásico, hace unos 200 millones de años, y continuó separándose durante el Jurásico… unos nombres que seguro te resultarán familiares. Seguro que ya han acudido a tu cabeza, así que ¡ten cuidado! Ya sabes que algunos son peligrosos, otros entrañables y todos ellos muy curiosos: acompáñame a conocer el mundo en el que vivieron los fabulosos dinosaurios. Y no se trata de ningún Parque Jurásico artificial. Ellos también estuvieron en este mismo planeta que habitamos tú y yo, solo que hace varios millones de años y con un clima muy diferente al actual.

6

EL TIEMPO DE LOS DINOSAURIOS

Me encantan los dinosaurios. Seguro que a ti también. O incluso te apasionan. ¿Puede existir alguien a quien no le gusten nada? Pues pienso que a ellos también les debería interesar el mundo en que vivieron, aunque no le gusten esos «bichos». Aunque solo sea porque habitaron este planeta durante mucho más tiempo del que llevamos nosotros aquí. Este podría ser un buen argumento: los humanos llevamos en este planeta 2,8 millones de años, y si quieres remontarte hasta los antepasados más lejanos de nuestra especie podemos hablar incluso de 7 millones de años, que es cuando aparecieron los primeros homínidos... Pues bien, los dinosaurios estuvieron habitando este planeta durante 165 millones de años. Ahí es nada: 165 a 7. ¡Nos ganan por goleada!

Los primeros dinosaurios aparecen en el Triásico tardío —especies como *Eoraptor* y *Herrerasaurus*— hace alrededor de 230 millones de años, y se extinguieron al final del Cretácico, hace unos 66 millones de años, cuando la tierra estaba poblada por los *Tyrannosaurus rex, Triceratops* y *Velociraptor.* En esos 165 millones de años (que se dice pronto) tuvieron tiempo de sobra para creer en número, diversificarse en especies, expandirse por casi todo el planeta y dominarlo en el periodo más álgido de su existencia, el Jurásico, hace aproximadamente 201 a 145 millones de años. Fue entonces cuando se convirtieron en los vertebrados terrestres dominantes: es el periodo del *Brachiosaurus*, el *Stegosaurus* o el *Allosaurus*.

Un gran invernadero

El clima de aquel mundo en el que vivieron los dinosaurios era mucho más cálido que el actual. Se desarrolló bajo uno de esos grandes periodos de *Greenhouse,* o Casa Verde, en el que no había hielo sobre el planeta y sí grandes bosques tropicales de gigantescos árboles, temperaturas medias superiores a los 20 °C (actualmente la temperatura media de la Tierra ronda los 16 °C) y mucho, mucho, mucho CO_2 en la atmósfera. Y también mucha humedad. Puedes pensar, sin equivocarte, que sería una especie de invernadero global.

Antes de que aparecieran los dinosaurios se produjo en la Tierra otra de esas grandes extinciones, llamada también —de manera informal— la Gran Mortandad, que tuvo lugar hace aproximadamente 250 millones de años. Se cree que ha sido la mayor extinción ocurrida en la historia de la Tierra: desaparecieron aproximadamente el 81 % de las especies marinas y el 70 % de las especies de vertebrados terrestres. Cuando, varios millones de años después, se recuperó la vida en nuestro planeta, fueron otros los animales que se desarrollaron en ella: los dinosaurios y los mamíferos. Estamos en el Triásico.

La verdad es que el mundo de aquel entonces estaba muy preparado para estos grandes saurios o 'lagartos terribles', que es lo que significa en griego la palabra *dinosaurio*. Por un lado, hacía calor; por otro, la vegetación era tamaño XXL: grandes árboles de enormes hojas con las que se podían alimentar herbívoros gigantescos. Y estos dos aspectos, el calor y el tamaño de las hojas, estaban relacionados entre sí. Como ya sabemos, cuanto más CO_2 hay en la atmósfera más alta es la temperatura global... pero también, como hay mucho CO_2 disponible, las hojas de las plantas aumentan su tamaño para capturarlo en la fotosíntesis. Con niveles más altos de CO_2 la tasa de fotosíntesis aumenta, proporcionando más energía para el crecimiento de la planta. En términos de evolución vegetal, si la atmosfera es escasa en CO_2 las plantas serán pequeñas; ahora bien, si hay «barra libre» de CO_2, puede haber plantas enormes porque hay CO_2 para todos. Las condiciones cálidas y húmedas del clima del Jurásico, combinadas con la alta disponibilidad de CO_2, favorecieron un crecimiento vegetal exuberante. Y si hay mucha vegetación que comer podrán existir herbívoros gigantes que se la coman.

Animales y plantas se adaptan

No todos los dinosaurios eran gigantes. Ahora se sabe que dentro de los quinientos géneros distintos y las más de mil especies que existieron, muchos eran pequeños, incluso alguno de tan solo medio metro de largo. Pero los restos que mejor han resistido el paso del tiempo y se han conservado son los pertenecientes a animales de mayor envergadura, con huesos más grandes. Tenían a su disposición grandes bosques de coníferas, que habían proliferado en el periodo anterior: pinos, ginko bilobas, cicas, enormes helechos de hojas tan grandes como un coche, troncos de Williamsonia que alcanzaban los dos metros de altura, delgados y ramificados.

Puedes imaginarte a un *Diplodocus* comiendo de la copa de uno de estos árboles, o mejor aún, al enorme *Brachiosaurus,* con su cuello extremadamente largo, alzándose hasta llegar a esas hojas que otros herbívoros no podían alcanzar. Este dinosaurio era uno de los más grandes, con una longitud que podía alcanzar hasta 25 metros y un peso de hasta 50 toneladas; sus patas delanteras eran más largas que las traseras, lo que le daba una postura más elevada y facilitaba su acceso a la vegetación alta. Pero las plantas se defendían: es en esta época cuando algunas especies, como la milenaria araucaria, desarrollan hojas espinadas para defenderse de los herbívoros. Los animales evolucionan con cuellos más largos para llegar a las hojas más altas, y los árboles lo hacen creando una armadura de espinas para proteger sus hojas.

Pero dejemos merendando tranquilamente a nuestro *Brachiosaurus* y conozcamos algo más del clima de los dinosaurios y de su mundo. Justo al comienzo del Jurásico, en la Tierra había un solo continente: Pangea. Todas las masas continentales estaban unidas y alrededor había un único océano llamado Panthalasa. La temperatura media global podría estar entre los 20 y los 24 °C, es decir: entre 5 y 9 grados más que ahora. Y no en todas partes del globo era igual: se cree que las aguas oceánicas de latitudes medias —es decir, por donde están las islas Azores— podrían tener hasta 12 o 15 °C más que las de nuestro Atlántico actual.

Un clima tropical acompañaba a los dinosaurios en la mayoría de las zonas planetarias y durante la mayor parte del año. El clima ecuatorial se extendía por todo lo que ahora es el oeste de Europa, Asia Menor, sur de China y el sudeste de Asia. En Groenlandia y

Alaska crecían las mismas platas que en México y en Cuba. La mayoría de los dinosaurios vivían entre los cinturones de clima tropical y cálido templado, en un paisaje de vegetación abierta, matorrales y pantanos, aunque también se han encontrado restos cerca de los círculos polares. También hacía frío en los polos durante la época de los dinosaurios, pero desde luego no como lo hace actualmente. Y es que estos fabulosos animales se movían mucho en aquel planeta, que a su vez también estaba en movimiento. Por lo de los continentes lo digo: la tierra en movimiento, literalmente.

El reino del CO_2

Mientras los dinosaurios poblaban la Tierra, a lo largo de esos 165 millones de años que decíamos al principio, el supercontinente Pangea empezó a fragmentarse y a dar lugar a los continentes casi tal como los tenemos ahora. Y eso también tuvo consecuencias para el clima. Mientras se separaban los continentes, el movimiento de las placas tectónicas produjo constantes terremotos y múltiples erupciones volcánicas. A través de las fracturas tectónicas en la corteza terrestre, millones de toneladas de CO_2 acabarían saliendo a la atmosfera por la intensa desgasificación volcánica. Se calcula que podría haber en el aire una concentración de CO_2 de entre 900 a 3300 partes por millón. En la actualidad, la mayor cantidad que acabamos de alcanzar es de 412 partes por millón. Pero el CO_2 no estaba solo en su acción calentadora. El enorme efecto invernadero de la época de los dinosaurios se debía también a la presencia de grandes cantidades de metano y de vapor de agua. Por un lado, con una temperatura más elevada había mayor evaporación y, por lo tanto, una mayor cantidad de vapor de agua en la atmósfera. Por otro, con un constante movimiento de la corteza marina, se liberaban cantidades ingentes de metano —otro gas de efecto invernadero, como sabemos—, que pasaba del lecho marino a la atmósfera manteniendo el termostato de nuestro invernadero global bastante elevado, para delicia de sus moradores.

Con buenos bancos de alimento y una temperatura que nunca era demasiado fría ni tenía grandes contrastes a lo largo y ancho del planeta (no como ahora), los dinosaurios lograron extenderse por todas las latitudes del planeta, llegando incluso a zonas cercanas a los polos. Y no solo ellos; se han hallado restos de plantas tropicales en zonas subpolares, y también los de otras especies animales que convivían con los dinosaurios como las tortugas, los lagartos o los cocodrilos. A mediados del periodo Cretácico, hace 100 millones de años, los dinosaurios continuaban en la gloria: en una tierra cálida, con hasta 12 grados de temperatura más que hoy, y con una atmósfera con cinco veces más CO_2 que en la actualidad. El nivel del mar, entre 100 a 300 metros más alto que el actual, con océanos menos profundos pero más extensos, que invadían zonas hasta el momento secas, y con una temperatura del agua también más alta que la actual: las aguas profundas podrían tener una media de 15 °C, en contraste con los 2 °C de la actualidad. Un agua, por cierto, bastante pobre en oxígeno y rica en ácido carbónico, pero con los nutrientes suficientes para que aflorase —nunca mejor dicho— el fitoplacton... y para que no te entrasen ganas de darte un bañito. La nota de color la ponían las flores de las plantas. Porque no sé si lo sabías, pero es también en el Cretácico cuando aparecen en la Tierra las llamadas plantas angiospermas, o plantas con flores: hasta ese momento nuestro planeta había sido siempre un planeta sin flores.

El meteorito

Y en este mundo tan ideal, con sus árboles gigantes, su temperatura cálida, sus mares y continentes e incluso sus flores, quizá algún dinosaurio pudo llegar a pensar: «Verás como llega alguien y lo fastidia». Y lo que llegó fue un meteorito; y lo fastidió, pero bien. En realidad, las investigaciones modernas apuntan a que ya no estaba siendo tan idílico ese mundo, que el clima había empezado a enfriarse de nuevo y que los dinosaurios ya no iban a estar tan a gustito. Pero en lugar de ocurrir poco a poco, su desaparición fue más precipitada debido a la caída de un meteorito, que pudo impactar en la península de Yucatán, en lo que hoy es México, y donde todavía se encuentra un cráter de 150 kilómetros. El impacto del asteroide liberó una energía equivalente a miles de millones de bombas atómicas, causó incendios forestales masivos, tsunamis gigantes y un prolongado «invierno volcánico» debido a todo el polvo que levantó. Ese polvo, arena y ceniza —como ocurre con las erupciones más potentes—, se incrustó en la atmósfera oscureciendo el cielo. Como llegaba menos luz solar, la Tierra se fue enfriando, la fotosíntesis de las grandes plantas se interrumpió y las cadenas alimentarias se trastocaron notablemente hasta conducir a la desaparición del 75 % de las especies terrestres y marinas de aquel tiempo, incluidos los dinosaurios. Bueno, no todos: lograron sobrevivir los llamados dinosaurios avianos, que son los abuelos de nuestras aves actuales. Sí, ese gorrión que ves en el parque de tu ciudad: pues su pariente lejano fue un dinosaurio aviano. Por cierto, las angiospermas también sobrevivieron a la extinción y por eso ahora podemos disfrutar de un mundo con flores.

Y así llegamos al final de este periodo y de este capítulo, que es el final de los dinosaurios y el final de toda una era. Un periodo de la historia de la Tierra en el que se dieron los mayores cambios geológicos y de vegetación, que empezó con un solo supercontinente y que acabó con los continentes y los mares casi como los tenemos ahora. Un apasionante periodo de nuestra historia que se cerró con un meteorito y otra extinción masiva.

Ahora se abre otra era, el Cenozoico, y en ella el protagonista será, por fin, un viejo conocido de todos nosotros del que ahora vamos a saber un poco más: ¡el hombre!

7

LA EDAD DE HIELO

Seguro que has oído hablar de la Edad de Hielo o que incluso has visto una película de animación que se llama así: *Ice Age*... Pero lo mismo que pasa con la peli ocurre con el concepto de «Edad de Hielo». Y no me refiero al argumento, sino a la cantidad. Películas sobre esta etapa de la Tierra hay muchas (hasta el momento van seis) y nuestro planeta también ha vivido no una, sino varias edades de hielo.

Con este nombre, las edades de hielo, nos referimos a las glaciaciones más recientes que ha sufrido nuestro planeta: las glaciaciones del Cuaternario. Son distintas a aquellas otras de la «Tierra bola de nieve» que contábamos en el capítulo 5. Esas fueron hace mucho y estas otras hace no tanto. Ahora ya estamos más cerca del tiempo en el que vivimos. Según nuestra analogía de los barrios, casas, pisos y habitaciones, ahora seguimos transitando por nuestro barrio (el eón Fanerozoico), hemos llegado a nuestra casa (la era Cenozoica) y estamos en nuestro piso (el Cuaternario), en el que hay dos habitaciones: una es en la que vivimos actualmente (el Holoceno) y la otra es justo la época anterior (el Pleistoceno). Pues bien, durante estos últimos 2,4 millones de años, desde que empezó el Cuaternario, la Tierra ha estado experimentado ciclos de glaciaciones e interglaciaciones y a esos periodos de glaciación es a los que se llama las edades de hielo. La última y más reciente, la más popular y conocida «edad de hielo», se inició hace 110.000 años y terminó hace 11.700, que es cuando comienza el Holoceno, la época en la que actualmente estamos.

¿Qué es una glaciación?

Una glaciación es un periodo de larga duración durante el cual la temperatura global baja y se produce una gran expansión del hielo continental, tanto el de los casquetes polares como el de los glaciares de las montañas. En resumen: hay más cantidad de hielo en la Tierra y en más zonas. Estos largos periodos más fríos se van alternando con otros más cortos llamados *interglaciares* o *postglaciares*, en los que el clima es más templado y con ausencia de esos hielos tan destacados.

Si nos ponemos exquisitos, podríamos decir que actualmente todavía estamos en una glaciación, porque la definición de glaciación que maneja la ciencia que las estudia (la glaciología) dice que un periodo glacial es aquel en el que hay hielo sobre los casquetes polares de la Tierra. Según esta definición, todavía nos encontraríamos en una glaciación porque tenemos hielo en Groenlandia y en la Antártida. Sin embargo, los científicos son más detallistas y hablan de *glaciación* para referirse a periodos en los que hacía más frío que ahora, hasta 10 grados menos de temperatura media, y sobre todo en el que los casquetes polares se extendían por muchas más zonas de Norteamérica, Asia y Europa. Por lo tanto, y aunque actualmente tengamos todavía algo de hielo, se considera que estamos un periodo interglacial que se llama Holoceno, como te decía antes. El periodo justo anterior al nuestro es el Pleistoceno, el de las glaciaciones, los mamuts y los cavernícolas.

La Tierra del Cuaternario

Durante esa época la temperatura global de la Tierra disminuyó, se expandieron los casquetes polares y los glaciares, y los ecosistemas se transformaron. Puedes hacerte una idea pensando que en aquellos largos periodos glaciales el clima en muchas zonas sería más parecido al que hoy en día podemos tener en Siberia o en Alaska.

En el hemisferio norte, el casquete polar superaba el paralelo 50 en los periodos de máximo glacial. Te explico. El hielo que tenemos ahora se queda recluido en el círculo polar ártico (que está más allá del paralelo 66) y en Groenlandia, a partir del paralelo 60. Que llegase hasta el paralelo 50 significa que extendía mucho más al sur. En aquella época el hielo podía cubrir prácticamente todo lo que ahora es Canadá; se extendía hasta el sur de Inglaterra y el norte de Francia, hasta el centro de Alemania (donde ahora está la ciudad de Frankfurt) hasta la República Checa, Polonia, Ucrania... y, en Rusia, desde Siberia hasta su parte europea, mucho más al sur. Esa podría ser la extensión del casquete polar del norte de la Tierra en aquel tiempo... Como ves, quedaba muy cerca de nuestra península ibérica. Bilbao o Santander, para te hagas una idea, están en el paralelo 43.

También en el hemisferio sur teníamos más hielo que ahora. Además de en la Antártida, se sabe que los glaciares de los Andes eran más extensos y que toda la Patagonia se cubrió de una capa permanente de hielo. En el Pleistoceno hubo glaciares en las montañas más altas de África central, Nueva Zelanda y otros puntos de Oceanía.

Había hielo en más partes que ahora, pero no en todas, claro está. Pues bien, en esas otras zonas donde no había glaciares sí teníamos en aquella época una mayor cantidad de lluvia, periodos conocidos como *pluviaciones*, seguidos de otros de mayor sequedad, como parece que ocurría en el centro de África.

En aquella Tierra de no hace tanto tiempo, el nivel del mar era inferior al actual y había más cantidad de tierras emergidas. En los periodos de glaciación, con el agua atrapada en grandes capas de hielo, el nivel del mar pudo descender hasta 120 metros por debajo de los niveles actuales. El final de la costa llegaba más lejos que en la actualidad y muchas de lo que ahora son islas estaban entonces unidas al continente. En el norte de Europa, por ejemplo, una buena parte del mar del Norte y el Canal de la Mancha eran tierras secas y Gran Bretaña estaba conectada al continente europeo por una vasta extensión de tierra que se ha llamado Doggerland: en el Pleistoceno, ¡las islas británicas no eran islas!

Los ciclos de Milanković

La explicación que han encontrado los científicos para estas glaciaciones tiene mucho que ver con la cantidad de radiación que recibe la Tierra, que varía cíclicamente a lo largo del tiempo. Podríamos decir que, en su recorrido alrededor del Sol, nuestro planeta no va siempre va por el mismo camino ni de la misma manera y según por dónde vayamos y de qué manera lo hacemos, recibimos más o menos cantidad de energía solar y, por tanto, nos calentamos más o menos.

Milutin Milanković fue un astrónomo, matemático y geofísico de origen serbio que allá por 1920 relacionó esas variaciones de la órbita terrestre con los periodos de las glaciaciones y vio que casaban a la perfección. Lo que él descubrió con sus cálculos de astrónomo coincidía con las fechas de los registros fósiles que habían encontrado los geólogos. De ahí vienen lo que llamamos «ciclos de Milanković», que son una de las principales causas —aunque no la única— de los cambios climáticos a largo plazo. Y como son muy importantes es conveniente que los conozcas, pero yo te lo voy a explicar a mi manera para hacerlo un poco más sencillo.

Seguro que ya sabes que la Tierra se mueve alrededor del Sol y que hay dos movimientos: el de **traslación**, que es cuando giramos alrededor del Sol, y el de **rotación** que es el giro que va dando la propia Tierra alrededor de su eje. Pero a lo mejor no sabes que hay un tercer movimiento en este viaje: la Tierra va como cabeceando, va oscilando a la vez que gira, parecido a lo que hace una peonza, que lo sabrás si alguna vez has jugado con ella o has visto jugar a tus padres o, a lo mejor, a tu abuelo. Si tienes una y lo haces, o les pides a ellos que lo hagan, lo entenderás rápidamente. Ese tercer movimiento, menos conocido, se llama de **precesión** (que no es lo mismo que «precisión»). Y esos tres movimientos no son siempre iguales: van cambiando cíclicamente a lo largo de los años.

Por un lado tenemos los cambios en la traslación, llamados «variación en la excentricidad de la órbita». Aquí puedes pensar en una pista o circuito como los de la Fórmula 1: ese es el camino que hacemos alrededor del Sol —la órbita—, y a veces tiene forma de una elipse, es decir, como un círculo estirado, y otras veces tira a más a círculo, aunque nunca es un círculo perfecto. Estas variaciones en la órbita se dan cada 400.000 años.

Por otro lado, tenemos los cambios en el eje de rotación de la Tierra. Si tienes en casa o en el cole una bola del mundo o globo terráqueo, verás que está apoyada en una base y sujeta con un arco, y que está como inclinada. Eso no es porque el fabricante haya tenido un capricho, sino para intentar reproducir lo que ocurre en la realidad: cuando viajamos alrededor del Sol, nuestro planeta no viaja recto, sino inclinado sobre su eje. Esta es la razón por la que existen las estaciones, ya que el Sol va a incidir con más fuerza en aquella parte de la Tierra que le «ofrezca su cara», y por eso las estaciones son distintas en los dos hemisferios: cuando en el hemisferio norte es verano, en el sur es invierno. Pues bien, el ángulo de inclinación del eje varía en ciclos de 41.000 años.

Por último, la manera en que oscila o cabecea esta gigantesca peonza que es la Tierra también cambia cíclicamente con el paso de los años. Eso se llama «cambios en la precesión de los equinoccios» y ocurren en un ciclo de unos 26.000 años.

Como resultado de estos cambios, a la Tierra le llega más o menos energía del Sol, que combinados con otras circunstancias pueden dar lugar al inicio y fin de las glaciaciones y otros grandes cambios en el clima. Pero saber su causa no es tan fácil, y por lo tanto predecir los futuros cambios tampoco. Y es que dentro de estos ciclos se dan otros de menor duración, y unos y otros interaccionan entre sí; y, además, las consecuencias que producen también influyen en otras causas, que a su vez producen otras consecuencias. Por eso el estudio del clima es tan difícil... ¡y tan apasionante!

La megafauna del Pleistoceno

Este clima fluctuante del Pleistoceno, y sobre todo sus largos periodos glaciales, obligaron a muchas especies a adaptarse a condiciones más frías y a un hábitat en el que predominaban paisajes helados. La tundra ártica y los bosques boreales de abetos, pinos y abedules se extendían mucho más al sur, cubriendo lo que en la actualidad son bosques templados o tierras de labor. Un paisaje de musgos, líquenes y brezos daba paso, un poco más allá, a enormes extensiones de pasto y arbustos: las praderas herbáceas de la estepa.

Durante el Pleistoceno se produjo también el surgimiento y la desaparición de grandes criaturas que poblaron la Tierra. Fue la época de lo que hoy conocemos como la megafauna: el mamut y el mastodonte, pero también el perezoso y el armadillo gigante o el tigre diente de sable y el ciervo gigante irlandés son algunos ejemplos de las especies que formaban este grupo.

Otros animales desarrollaron pelajes tupidos y gruesas capas de grasa para mantenerse calientes en esas gélidas condiciones, como el rinoceronte lanudo. Los osos hibernaban en el frío invierno, pero también lo hacían algunas especies de aves mientras otras migraban más al sur en busca de alimento.

El Pleistoceno fue una época de grandes migraciones... y no solo estacionales. Aprovechando esas tierras emergidas que te explicaba antes, había la posibilidad de desplazarse de un continente a otro sin dejar de pisar el suelo. Eso ocurrió entre Asia y América del Norte donde ahora tenemos el estrecho de Bering, entre Siberia y Alaska, y en aquel entonces, al bajar el nivel del mar y desparecer el agua, se creó un puente terrestre (el puente de Beringia) que permitió la migración de mamíferos como mamuts, bisontes... y de una nueva especie que entonces ya habitaba la Tierra y que también tuvo que adaptarse a aquel mundo frío, viajando de un lado a otro del planeta por esos puentes que tendió el clima: los humanos.

El hombre entra en escena

Hasta ahora hemos descrito numerosos cambios climáticos de los que únicamente fueron testigos la Tierra y sus rocas, y que sufrieron las plantas y animales que la habitaban en sus diferentes periodos. Ahora, por primera vez, hay otra especie que también será testigo de estos cambios y que también los sufrirá y tendrá que adaptarse a ellos: la especie humana.

El origen y la evolución de nuestra especie están también muy relacionados con el clima y sus cambios, como ocurre con la Tierra en general. Los distintos escenarios climáticos influyen en el lugar donde vivir, las condiciones de vida, el acceso a los alimentos, los desplazamientos para buscarlos... Quizá fue un cambio de estas condiciones el que empujó a los primates a bajar de los árboles y adaptarse a un nuevo hábitat caminando erguidos por la sabana. Y después llegó el frío.

Durante el Pleistoceno varias especies del género *Homo* coexistieron y se desarrollaron en diferentes partes del mundo. Las poblaciones eran nómadas y sobrevivían gracias a la caza y la recolección de alimentos. *El Homo neanderthalensi*s era la especie mejor adaptada al frío extremo. Fabricaban herramientas de piedra y se cree que pudieron desarrollar también formas primitivas de lenguaje y cultura. Principalmente habitaron en Europa occidental y central, aunque también se han encontrado restos en partes de Asia. Habitaron la Tierra desde hace unos 400.000

hasta 40.000 años atrás. Y por lo tanto llegaron a coincidir con la que ahora es la especie única y que entonces era solo otra más: *el Homo sapiens*, que apareció en África hace 315.000 años.

La época de las glaciaciones es también un momento crucial en la historia del ser humano. Es ahora cuando surgen las distintas especies del género *Homo*, y es ahora cuando una de ellas, el *Homo sapiens*, se va a desplazar por la Tierra poblando los distintos continentes y quedando finalmente como la única especie de homínidos presente en ella. Quizá lo hicieran buscando alimentos en épocas en los que empezaron a escasear, o huyendo del frío clima en otras... y lo hicieron sobre todo aprovechando esos puentes que tendía el clima, la mayor cantidad de tierras emergidas que había en la Tierra durante las glaciaciones.

Primero se desplazaron desde África hacia Asia y luego llegaron a Europa hace unos 45.000 años, en plena Edad de Hielo. Es curioso que acabasen reemplazando gradualmente a las poblaciones de neandertales que ya habitaban la región y que estaban mejor adaptados al frío. El clima es importante, influyente, pero tampoco es absolutamente decisivo. Hay más factores. Entre ellos la capacidad de adaptación. En Europa, los *Homo sapiens* se adaptaron a una variedad de entornos, desde las regiones frías del norte hasta los climas más templados del sur. Utilizaban las cuevas a veces como vivienda y muchas otras más simplemente como refugio ante las adversas condiciones ambientales, o para defenderse de los depredadores, o para pasar algunas temporadas. Pero también habitaban en bosques y llanuras, en costas y ríos. En las cuevas, eso sí, nos han dejado importantes vestigios del llamado arte rupestre, como las impresionantes pinturas de Lascaux, en Francia, o de Altamira, en España, conocidas y estudiadas en todo el mundo.

Y, al igual que hicieran los mamuts y los bisontes, el *Homo sapiens* también aprovechó ese puente de Beringia, el entonces seco estrecho de Bering entre Siberia y Alaska, para llegar a América desde Asia hace unos 15.000 años, cerca ya del final de la Edad de Hielo.

Las últimas glaciaciones, la denominada «glaciación de Würm» en Europa y la llamada «glaciación de Wisconsin» en América del Norte, culminaron aproximadamente hace 11.700 años. Esa es la marca para el final de la era glacial; ahí es donde termina el Pleistoceno y a partir de ahí comienza el periodo interglacial en el que nos encontramos ahora, el Holoceno.

Estamos ya en nuestra «habitación». El mundo que ya conocemos, con los continentes y las corrientes oceánicas en su sitio, sin dinosaurios ni mamuts, sin casquetes polares a las puertas de Bilbao y con una sola especie de humanos de la que descendemos. Y con un clima sin tantas fluctuaciones como en épocas anteriores, pero todavía con sus cambios importantes que van a seguir influyendo en la vida de la Tierra, y a partir de ahora también con ese otro protagonista: el hombre. Comienza una nueva fase de la historia y el clima todavía va tener mucho que decir. Y eso es lo que vas a descubrir en la segunda parte de este libro. ¡A por ella!

Tiempos remotos

En esta primera parte del libro hemos viajado por el tiempo más remoto de nuestro clima: desde el origen de la Tierra y el nacimiento de la atmósfera hasta la aparición del *Homo sapiens*. Pero antes de continuar nuestro viaje vamos a hacer una parada para responder esa cuestión que sin duda te habrás planteado y, si no, te la planteo yo ahora: «Y todo esto, ¿cómo lo sabemos?». Pues lo cierto es que para averiguar cómo era nuestro planeta y su clima en tiempos tan remotos, los científicos tienen que actuar como lo hacen los detectives: buscan pistas, las analizan y relacionan unas con otras para llegar a la resolución del caso. O, en esta ocasión, para averiguar qué pudo pasar en el pasado. Para ello también tienen sus técnicas y sus herramientas. Te cuento algunas de ellas.

Un trabajo en equipo

De las épocas más remotas de nuestro planeta —las que contábamos en los primeros capítulos— han quedado algunas pruebas en forma de minerales y rocas, de cuyo estudio y análisis suelen encargarse los geólogos. En el equipo de detectives es importante también el trabajo de los paleontólogos, que se dedican al estudio de los fósiles y otros restos de organismos que vivieron en el pasado. Y finalmente, tenemos a los paleoclimatólogos, que son los científicos del clima —o climatólogos— que se han especializado en el estudio del clima del pasado —o paleoclima—. Así es como se realiza la labor detectivesca: como un trabajo en equipo que realiza análisis geoquímicos, paleontológicos y geológicos, desde el estudio de los anillos de los árboles o de las capas de sedimentos hasta el análisis de las burbujas de aire atrapadas en los hielos milenarios. Todo ello nos proporciona pistas para comprender el clima del pasado.

Lo que nos cuentan las rocas

A veces pasa en las pelis o en las series de detectives que la pista principal para resolver el caso la tenían delante de sus ojos y les había pasado inadvertida. Nosotros también tenemos delante de nuestros ojos las pistas de cómo fue la Tierra en el pasado: su historia se ha quedado grabada en las rocas. Por un lado, los geólogos se dedican al estudio de los estratos de la tierra y las rocas sedimentarias, que les cuentan cómo se han ido depositando los sedimentos a lo largo de miles y miles de años y los cambios ambientales que se han producido, como glaciares, desiertos o sistemas fluviales. Los glaciares, por ejemplo, más que una pista

lo que nos dan son evidencias directas de la extensión y el avance de las capas de hielo en épocas pasadas y eso sirve para desentrañar los cambios en el clima o en los niveles del mar. Las marcas dejadas por glaciares antiguos en las rocas pueden indicar periodos de glaciación; incluso de aquellas glaciaciones huronianas, que ocurrieron hace alrededor de 2400 a 2100 millones de años, existen marcas en las rocas que, si se sabe «leerlas», te pueden contar mucho. Además, los sedimentos marinos contienen microorganismos y materia orgánica que se quedaron ahí en su día y que nos pueden revelar información sobre la temperatura y la salinidad del agua en el pasado.

Por otro lado, tenemos el análisis de rocas y minerales que ofrecen información muy valiosa a los detectives del clima. Si sabemos las condiciones de presión y temperatura que necesita un mineral para formarse, y encontramos una roca que tiene ese mineral y sabemos de qué época es, podremos deducir la presión y temperatura que habría en esa época. ¿Y cómo sabemos de qué época es? Pues ahí entra en juego la química y una herramienta fundamental de los detectives del paleoclima: la datación isotópica.

La importancia de la química

Que no te asusten estos términos que parecen tan difíciles. Lo de *datación* viene de datar, es decir, poner una fecha, y lo de *isotópica* viene de isótopos. Ya sabes que, en la naturaleza, todo está compuesto de átomos. Una planta, una roca, tu perro o incluso tú no sois más que un conjunto de átomos, cuyo núcleo está compuesto de protones y neutrones. Los átomos son estables, es decir, permanecen inalterados con el paso del tiempo, pero algunos tienen unas versiones de sí mismos llamadas *isótopos*: átomos con el mismo número de protones pero un número diferente de neutrones, y estos isótopos sí son inestables, es decir, se van descomponiendo con el paso del tiempo, dando lugar a otro elemento. Pues bien, como esa tasa de descomposición es constante y se sabe cuál es, cuando analicemos una roca solo tendremos que ver qué cantidad tiene de un elemento o de otro para deducir cuánto tiempo ha pasado desde que se formó. Eso es la datación radiactiva. Podríamos decir que al principio tienes un montón de átomos padre que con el paso del tiempo se van convirtiendo en átomos hijo, y sabemos lo que dura ese proceso. Por ejemplo, el uranio-238 es un isótopo del uranio que se va descomponiendo con el paso del tiempo y acaba dando plomo-206 con una vida media de 4500 millones de años. Pues bien, los científicos cogen la roca o el mineral y miden la cantidad de átomos padre que quedan (uranio-238) y la cantidad de átomos hijo que se han formado (plomo-206) y ahí calculan «hacia atrás» la edad que puede tener la roca y, por tanto, a qué época pertenece.

Para las rocas más recientes se usa mucho la datación con el berilio-10 (isótopo de otro elemento llamado berilio), que en un periodo de un millón y medio de años transforma la mitad de sus átomos en boro-10. Si encuentras una roca con la mitad de átomos padre berilio-10 y la otra mitad de átomos hijo boro-10 pues sabes que esa roca es de hace millón y medio de años.

Hay otros isótopos de elementos muy abundantes, como el oxígeno y el carbono, que son estables, es decir, que no se desintegran. Y estos ofrecen información por la cantidad que pueda haber de unos y otros, es decir, por la proporción que tengan en las rocas y minerales. Por ejemplo, las proporciones de isótopos de oxígeno en minerales pueden indicar temperaturas del agua en la que se formaron. Pero no solo en los minerales: esta herramienta es muy útil para analizar los gases de las burbujas de aire atrapadas en el hielo milenario o para datar los fósiles y restos biológicos antiguos (habrás ido hablar del carbono-14). De todo ello hablamos más adelante, pero antes te voy a hablar de esos tesoros que a veces tienen la suerte de encontrar los detectives del clima y que suena a un personaje de *Dune*: los «zircones».

Un tesoro para los detectives: el zircón

¿Y esto para qué sirve? Pues fácil: cuando tienes una roca que has podido situar en una época determinada de la historia, tienes un montón de datos sobre esa época que esa roca te va a dar. Y ahí los científicos tienen un buen aliado: el zircón. Se trata de un mineral que aporta mucha información geológica, ya que contiene ese isótopo del uranio muy útil en la datación radiométrica de épocas muy remotas. Algunos cristales de zircón tienen más de 4000 millones de años, de modo que, si encontramos alguna roca que tenga zircón, tendremos una prueba física de los materiales terrestres más antiguos conocidos. Para empezar, nos indica que la corteza continental sólida ya existía hace más de 4000 millones de años y nos da pistas de las condiciones de temperatura

y presión bajo las cuales se formaron estas rocas originales. Los zircones también ofrecen información sobre el posible impacto de meteoritos en aquel pasado tan remoto de nuestro planeta, dependiendo de si su estructura ha sido alterada o no o si ha sufrido deformaciones. Además, en los cristales de zircón podemos encontrar isótopos del oxígeno, y la proporción entre unos y otros nos puede dar pistas sobre la presencia de agua líquida en el clima temprano de la Tierra. Y por último, pero no menos valioso, pueden tener pegados restos de otros materiales o incluso pequeñas burbujas de aire que se analizan para ayudarnos a saber cómo eran aquellos mundos remotos, ya que sabemos que esa roca pertenecía a ellos. El zircón es un verdadero tesoro para los geólogos, los paleontólogos y los paleoclimatólogos.

Burbujas en el hielo

Otro gran aliado para quienes estudian la historia y el clima de nuestro planeta son esas burbujas de aire que se quedan atrapadas en los minerales o directamente en el hielo. El análisis de los gases de esas burbujas nos ofrece registros directos de la composición atmosférica pasada, incluidos los niveles de gases de efecto invernadero como el dióxido de carbono y el metano. En este caso, más que una pista se trata de una prueba fehaciente para nuestros detectives. Podríamos decir que se trataría de una prueba muy sólida... si no fuera porque, en realidad, es una prueba gaseosa.

En las capas de hielo de la Antártida, Groenlandia y de los glaciares de montaña se forman a veces unas burbujas que contienen aire en su interior. Cuanto más antigua sea la capa de hielo más antiguo será también ese aire, y analizando su composición es como sabemos cómo era la atmósfera de nuestro planeta en tiempos remotos. Los científicos y técnicos perforan esas capas de hielo con grandes taladros especializados y extraen unos cilindros largos y estrechos que se llaman «núcleos de hielo». Esos núcleos pueden tener varios cientos de metro de largo y representan cientos de miles de años de acumulación de nieve y hielo. Cuando la nieve caída se va compactando y convirtiéndose en hielo, quedan pequeñas burbujas de aire atrapadas en él. Tú también puedes comprobarlo fácilmente: saca un cubito de hielo de tu nevera y obsérvalo bien por todos los lados, seguro que en su interior se ha quedado una pequeña pompita o burbujita de aire. El tuyo no nos importa mucho porque es un hielo que se habrá fabricado anteayer en tu congelador, pero el que encontramos a tres kilómetros de profundidad en Groenlandia, por ejemplo, es un hielo que se produjo hace 110.000 años, y el aire que contiene es el aire que había en la atmósfera de la Tierra hace 110.000 años. Ahí tenemos los gases de efecto invernado que habría entonces, pero también partículas de polvo y otros contaminantes que ofrecen información sobre erupciones volcánicas o incendios forestales. En la Antártida tenemos perforaciones en el domo Concordia y en el domo Fuji, en la meseta antártica oriental, que extraen núcleos de hielo a más de 3200 metros de profundidad y sirven para investigar el clima y la composición atmosférica de los últimos 800.000 años.

Las burbujas de aire son como cápsulas del tiempo —nunca mejor dicho— de los gases atmosféricos y las condiciones climáticas del pasado que proporcionan evidencias sobre los diferentes cambios climáticos y esas glaciaciones y periodos interglaciares de los que hemos hablado.

Pero además de esas burbujas de aire, también el propio hielo de los núcleos extraídos aporta una información crucial para desentrañar cómo era el clima del pasado. De nuevo los científicos usan aquí el método de la datación isotópica, pero en este caso con isótopos del oxígeno.

El oxígeno nos habla

El oxígeno tiene varios isótopos, pero los dos más comunes y utilizados en estudios climáticos son el oxígeno-16 (O-16) y el oxígeno-18 (O-18). Estos isótopos son estables, a diferencia de los radiactivos que se van descomponiendo —como el uranio del que ya hemos hablado— así que aquí de lo que se trata es de ver la proporción que hay de uno o de otro en la muestra de hielo en cuestión. ¿Y qué es lo que nos cuenta? Pues te explico. El O-16 es el más abundante en la naturaleza: aproximadamente es el 99,8 % de todo el oxígeno que hay. Podíamos definirlo como el oxígeno «normal». El otro, el O-18, es más raro. Los científicos analizan las muestras de hielo con un espectrómetro de masas para hallar la proporción entre el O-18 y el O-16 de la muestra de hielo en cuestión.

En periodos fríos hay más O-16 que queda atrapado en el hielo continental, lo que hace que el agua del océano haya más O-18 (cuestión de proporciones). Y al revés, en los periodos cálidos el hielo se derrite y devuelve O-16 al océano, disminuyendo la proporción de O-18. Comparando las variaciones en esas proporciones a lo largo de ese cilindro alargado que es el núcleo de hielo, los científicos pueden reconstruir los patrones del clima y sus cambios desde una glaciación a un periodo interglacial o viceversa. Esto ofrece muchas respuestas para conocer el clima del pasado, pero tampoco te creas que es todo tan fácil. Los detectives se pueden encontrar con problemas para la interpretación de esos datos, como cambios que pudieran haberse producido en las corrientes oceánicas o en la salinidad del agua, o incluso las distintas maneras de formación de hielo. Existen múltiples factores que podrían condicionar el resultado y hay que tenerlos todos en cuenta, lo que hace que se complique la investigación.

Y ya lo último que te preguntarás. Vale, los datos del hielo lo sacamos directamente del hielo que permanece intacto en las profundidades de la Antártida o de Groenlandia, pero ¿cómo sabemos la composición de los océanos de aquellos tiempos tan remotos? Porque no tenemos botellitas con agua de mar de hace 100.000, 500.000 o 700.000 años guardadas en algún laboratorio. Es verdad, eso no. Pero lo que sí tenemos son restos de animales que vivieron en aquellos mares de tiempos remotos, y el oxígeno presente en el agua se cristalizó en sus conchas en la misma proporción. Al analizar esos fósiles obtenemos información de cómo era aquella agua en la que vivieron hace 100.000, 500.000 o 700.000 años. Son los foraminíferos, organismos muy útiles para los detectives del clima en su labor investigativa.

Lo que nos cuentan los fósiles

Los restos fósiles que estudia la paleontología nos proporcionan información sobre los tipos de especies que vivieron en tiempos remotos. Saber cómo eran aquellos ecosistemas, qué plantas y animales habitaban un área en particular, nos sirve también para entender el clima que pudieron tener. Se han encontrado fósiles de helechos y palmeras en el Ártico, por lo que sabemos que no siempre ha sido tan frío como lo es ahora. La distribución de las distintas especies a lo largo y ancho de la Tierra, su presencia o su ausencia, nos habla de las distintas condiciones climáticas por las que atravesó nuestro planeta. Los fósiles de animales que vivieron en climas cálidos se encuentran en latitudes más altas durante periodos de calentamiento global. O directamente una enorme y diversa cantidad de fósiles en diferentes capas geológicas nos puede revelar algún fenómeno de extinción masiva.

Pero ¿cómo obtienen aquí sus pistas nuestros detectives? Pues con variados y diversos métodos. Te voy a contar algunos.

Para empezar, tenemos de nuevo la ayuda del análisis químico y de otros aliados de los detectives que son esos animales que te acabo de mencionar: los foraminíferos Son organismos unicelulares que se caracterizan por tener un esqueleto o concha que puede estar hecha de carbonato de calcio, sílice o materiales orgánicos. Se encuentran en los sedimentos del fondo marino y son muy útiles para reconstruir las temperaturas oceánicas y la química del agua a lo largo de millones de años. Para averiguarlo se usa la datación isotópica del oxígeno (lo que hablamos del O-16 y el O-18) y la del carbono, que también se utiliza mucho en el estudio de la vegetación. Este método analiza asimismo la proporción en los organismos de dos isótopos del carbono que son diferentes. Tenemos el carbono-12, que es el más abundante (aproximadamente el 98,9 % del carbono en la naturaleza), y el carbono-13, que es más raro de encontrar porque, al ser más pesado, no es el que más fácilmente atrapan las conchas de los moluscos o las hojas de las plantas. Pero si encontramos mucho C-13 eso puede indicarnos que en ese momento había disponible mucho más carbono en general, lo que incluye también el dióxido de carbono o CO_2. Esto es lo que se llama un dato *proxy*, es decir, un dato indirecto que nos ofrece una estimación de cómo pudo ser el contexto el que se desarrollaron aquellos animales que atrapaban el CO_2 en sus conchas o aquellas especies vegetales que lo hacían para su fotosíntesis.

Pero no solo eso. Los paleontólogos obtienen información del polen fosilizado y de las esporas que encuentran en los sedimentos como, por ejemplo, en el fondo de los lagos. Estos restos ayudan a reconstruir cómo era la vegetación de épocas pasadas, ya que las diferentes plantas prosperan en diferentes condiciones climáticas. Así, la identificación de polen fósil puede indicar si el clima era cálido, frío, húmedo o seco. Y también se estudian las características de las hojas fósiles, como su tamaño o su forma. Sabemos que las hojas con bordes dentados suelen estar asociadas con climas más fríos; y las hojas muy grandes están asociadas a un clima cálido con un gran efecto invernadero, ya que esa gran abundancia y disponibilidad de CO_2 en la atmósfera hace que las plantas generen hojas de gran tamaño para así poder captar todo ese CO_2 que tenían a su entera disposición.

También analizan antiguos suelos fosilizados y que se pudieron formar bajo diferentes condiciones climáticas e incluso recogen muestras en las cuevas donde se han formado las curiosas estalagmitas y estalactitas, que también ofrecen datos sobre la temperatura y la humedad del pasado.

Por último, tenemos otra herramienta que resulta muy útil: el análisis de los anillos de crecimiento de los árboles. Si alguna vez has visto el tronco cortado de un gran árbol te habrás dado cuenta de que hay como unos círculos concéntricos, llamados «anillos», y verás que unos son más finos y otros más gruesos y que están más o menos separados entre sí. Pues bien, hay toda una ciencia, llamada «dendrocronología», que se dedica a estudiar estos anillos y descifrar la información que nos ofrece. Los árboles de climas templados y algunos árboles tropicales producen un anillo de crecimiento cada año. Pero no todos los años son iguales, así que, dependiendo de las

condiciones que se den, el árbol crecerá más o menos y eso quedará reflejado en la estructura de sus anillos. Un anillo de crecimiento típico consiste en una parte de madera más clara y de crecimiento rápido, que se forma durante la primavera y principio del verano, y otra parte de madera tardía, que es más oscura y se forma más lentamente desde finales del verano y durante el otoño.

Pues bien, los anillos más anchos suelen indicar años con condiciones favorables para el crecimiento, con suficiente lluvia y temperaturas adecuadas; en cambio, los anillos más estrechos indican años de condiciones más duras, que pueden deberse a sequías severas o fríos extremos. Comparando anillos de árboles de diferentes regiones, se pueden reconstruir patrones climáticos a gran escala, que luego se cotejan con otros datos obtenidos por otros métodos y así se obtiene un dibujo más completo de los cambios climáticos a lo largo de los siglos.

Ya habrás deducido, o seguramente ya lo sabías, que contando la cantidad de anillos desde la corteza hasta el corazón del tronco se puede averiguar la edad de árbol: tantos anillos, tantos años.

Volveremos a hablar de la dendrocronología en la segunda parte de libro, ya que comparando anillos de árboles de diversas regiones de Europa se ha podido reconstruir fidedignamente el clima que tuvimos durante la Edad Media, identificando periodos de clima cálido, como el Óptimo Climático Medieval, y otros más fríos, como la Pequeña Edad de Hielo. Y al final de la segunda parte hablaremos de otras técnicas e instrumentos que la humanidad ha desarrollado para intentar adelantarse al tiempo: los que nos permiten realizar la previsión meteorológica cada vez con una precisión mayor.

A eso dedicaremos la segunda parte de este manual de detectives del clima. En esta primera hemos conocido las técnicas para poder averiguar con rigor científico el clima que tuvimos en esas etapas tan lejanas de la historia geológica del planeta. Y habrás podido comprobar que, sobre todo, se trata de un trabajo en equipo, con muchas disciplinas científicas implicadas. Diversos enfoques que se complementan para poder reconstruir y comprender los cambios climáticos que han sucedido sobre la Tierra y a los que hemos dedicado esta primera parte de nuestro libro.

SEGUNDA PARTE

Hace mucho, mucho tiempo...

pero no tanto

1

EL GRAN CALENTAMIENTO

Hace unos 11.700 años comenzó el periodo de la historia de la Tierra y del clima en el que actualmente estamos: el Holoceno.

El último momento en que la Tierra tuvo su temperatura más baja se conoce como Último Máximo Glacial o LGM (por sus iniciales en inglés: *Last Glacial Maximum*) y los científicos calculan que se produjo hace unos 20.000 años. A partir de ahí el planeta fue calentándose gradualmente durante casi 10.000 años hasta llegar a esa fecha de hace 11.700 en la que se sitúa el final de última glaciación y del Pleistoceno, dando inicio al Holoceno, el llamado periodo interglacial en el que estamos. Durante ese tiempo se produjo la deglaciación, es decir, la retirada paulatina del hielo que cubría grandes áreas de América del Norte, Europa y Asia. Pero ese calentamiento del clima no fue uniforme y hubo entre medias otros periodos fríos que los paleoclimatólogos tienen perfectamente identificados, como el llamado «Dryas Reciente» —o *younger Dryas* en inglés—, un periodo de enfriamiento abrupto que interrumpió temporalmente la tendencia de calentamiento y que se estima que pudo ocurrir entre aproximadamente 12.900 y 11.700 años atrás. Posiblemente fue la última vez que nuestro planeta tuvo un clima glacial.

Las causas de este gran calentamiento que terminó con las glaciaciones hay que buscarlas probablemente en una nueva variación de los ciclos de Milanković, que ya explicamos en el capítulo anterior. Como seguramente recuerdes, los ciclos de Milanković son esas variaciones en la órbita y la inclinación de la Tierra que afectan a la cantidad y distribución de la luz solar que recibe nuestro planeta. Ahora estaríamos en un forma de la órbita y una inclinación y oscilación del eje de la Tierra que provocarían las condiciones adecuadas para tener veranos más largos y más cálidos en los que podrían derretirse mejor las capas de hielo. Y también sabes, porque ya lo hemos comentado en anteriores ocasiones, que en el clima todo está relacionado y unas cosas afectan a otras, eso que los científicos llaman «retroalimentación» o la pescadilla que se muerde la cola, como diría mi madre.

Con mayor radiación en los meses de verano la cubierta de hielo se va derritiendo y desaparecen los grandes glaciares... Y, con menos superficie blanca de hielo sobre la Tierra, la cantidad de radiación que se refleja es menor —el efecto albedo— y mayor la radiación, y por tanto el calor, que se queda atrapado en la Tierra y que los océanos pueden distribuir por todo el planeta. El nivel del mar sube y, con una atmósfera más cálida, hay una mayor evaporación, lo que se traduce en más cantidad de combustible para las lluvias: aumentan las precipitaciones, crecen las zonas de lagos y humedades donde se libera gas metano —gas de efecto invernadero— que, a su vez, contribuye a aumentar el calentamiento atmosférico: otra vuelta de la cola de la pescadilla.

Así, durante unos cuantos miles de años, fuimos pasando de un paisaje de hielos de clima gélido a otros que se parecen más a los paisajes y clima actuales. Y claro, esto también tendría consecuencias para la vida del hombre y de las sociedades, que es lo que siempre nos interesa más destacar. En este caso, el fin de la glaciación permitió la expansión de la vegetación y la fauna, y se crearon condiciones más favorables para el desarrollo de la agricultura y las primeras culturas humanas.

Hipopótamos en el Sahara

El periodo comprendido entre hace 7500 y 5200 años se conoce como el Óptico Climático del Holoceno y en él se dieron las condiciones climáticas más benignas, con temperaturas ligeramente más altas que en la actualidad y lluvias abundantes en Oriente Medio y el norte de África. Lo que hoy es un desierto era en aquel entonces un auténtico vergel. En el Sahara, ahora una enorme extensión de arena y dunas, había árboles y vegetación propia de la selva; corría el agua por sus ríos y en sus lagos vivían tortugas e hipopótamos, como confirman los números restos hallados en esta zona del mundo, que en la actualidad es un seco desierto pero que hace solo 5000 años era un gigantesco jardín.

Las primeras civilizaciones

A partir de ahí el clima se fue enfriando un poco y la consecuencia fue una reducción de las precipitaciones. Esas zonas tan húmedas dejaron de serlo y la aridez tomó protagonismo. Si la abundante lluvia y humedad habían animado el desarrollo social de las comunidades de hombres y mujeres, ahora, con menos agua disponible, esas comunidades se vuelven sedentarias y ubican sus pueblos en la franja fértil cerca de los ríos. Y así surgen las primeras grandes civilizaciones.

La aridez llegó en menos de un siglo. Las condiciones que había encajado para que antes subieran súbitamente las temperaturas se dieron la vuelta para empujar al clima en el sentido opuesto. Los monzones africanos que regaban el Sahara dejaron de ser tan frecuentes y la vegetación exuberante fue desapareciendo. De la

de la selva a la de la sabana, y de ahí al desierto que conocemos en nuestros días.

Los asentamientos humanos que habían proliferado unos milenios atrás, en el Óptimo Climático del Holoceno, se encuentran ahora con nuevas condiciones a las que se tienen que enfrentar. Primero lo hacen agrupándose en torno a los grandes ríos y, segundo, agudizando el ingenio para sacar rendimiento a unas tierras que ahora ya no les dan fruto tan fácilmente.

¿Sabías que Mesopotamia, en griego, significa 'tierra entre rios'? Hacia el 4500 a. C. surge en Mesopotamia —lo que en la actualidad es el país de Irak— una de las primeras civilizaciones del mundo, estableciendo ciudades-estados entre los ríos Tigris y Éufrates. Los sumerios «sumaron» grandes avances para la historia de la humanidad: la rueda, el torno de cerámica, la escritura... Y no fue la única civilización que en esa época de la historia, y fruto de las condiciones climáticas, se buscó la vida a orillas de un fértil río y que, al hacerlo, hizo avanzar el conocimiento. En el valle del Indo, en la India, la ciudad de Harappa evoluciona de una pequeña aldea hace 5500 años hasta convertirse en una gran urbe hace 4600 años; junto al río Yangtsé nace la primera civilización urbana de China y los primeros vestigios de la civilización egipcia proceden de esta misma época.

Y al antiguo Egipto nos vamos a marchar ahora precisamente para comprender la importancia de un río, en este caso el Nilo, para toda una civilización.

Los egipcios y el Nilo

Una inscripción encontrada en las Pirámides dice: «Los campos ríen cuando las riberas se inundan»... El río Nilo proporcionaba agua, alimentos y era una vía de comunicación esencial para los egipcios. El antiguo Egipto dependía de las crecidas anuales del Nilo, que inundaban de fertilidad los campos y marcaban las diferencia entre la abundancia y el hambre.

De los casi 7000 kilómetros del río Nilo, los egipcios solo ocuparon los últimos 1300. Cada año, más o menos por las mismas fechas, volvía a esa parte del río la crecida del caudal debido al deshielo y las lluvias que precipitaban más al sur, en las montañas de Etiopía, donde todavía llegaban los monzones.

Los egipcios desconocían el origen de esas abundantes aguas y lo atribuían a la magia de los dioses, y en concreto del dios Hapi, el dios del río que, según sus creencias, vivía en una cueva de esas montañas y vertía agua en el río una vez al año, provocando la creci-

da. A Hapi se le representaba como un hombre barbudo de grandes pechos, con una corona hecha de plantas acuáticas y un recipiente entre las manos, donde se supone que tenía el agua.

El caso es que, cuando llegaba el agua de la crecida, todo cambiaba. Las tierras desérticas se transformaban en limo, un barro muy fértil donde, al retirarse el agua, aprovechaban para plantar. Allí podrían crecer fácilmente los cereales, las legumbres y algunas hortalizas. Pero sobre todo cereales: trigo y cebada. Con el trigo hacían pan y, con la cebada, cerveza.

Las crecidas marcaban las estaciones del año y es en este momento cuando surge el calendario, por la necesidad de distribuir los trabajos a lo largo del año dependiendo de la crecida anual.

Los egipcios dividieron el año en tres estaciones de cuatro meses cada una: la estación de la inundación (Akhet), cuando llegaba la crecida, más o menos desde mediados de julio hasta mediados de noviembre; la estación de la siembra (Peret), cuando se retiraba el agua y empezaban a plantar, que iba desde mediados de noviembre hasta mediados de marzo; y la estación de la cosecha (Shemu), aproximadamente desde mediados de marzo hasta mediados de julio, que era el momento para recolectar y almacenar los alimentos obtenidos.

Como su vida y economía se basaban en la crecida en el Nilo y esta se presenta anualmente, pero no siempre en la misma fecha, tuvieron que progresar en los conocimientos que permitían anticipar o pronosticar la crecida. A lo largo del río se instalaron «nilómetros», una especie de pozos con escaleras descendentes donde se iba midiendo la altura del agua. Solían estar en el interior de los templos y quien tomaba las medidas era el sacerdote del templo, que luego le pasaba los datos al faraón. Con la información de cómo iba pasando el Nilo por los diferentes puntos del recorrido, el faraón podía anticipar la fecha de la crecida y establecía un día de fiesta para celebrarlo. Eso le servía al faraón para hacer creer a sus súbditos que él tenía una relación directa con los dioses. Vamos, como si Hapi le chivara la fecha en la iba a verter el cuenco de agua en su cueva y provocar esa crecida que tan importante era para ellos. Y lo que en realidad tenían el faraón y los sacerdotes era un sistema de información privilegiada con la medición del río en distintos puntos de su cauce.

Este ciclo anual de inundaciones, cosecha y recolección se prolongó hasta la construcción de la presa de Asuán en el reciente siglo XX, pero nunca debió de resultar tan mágico como para aquellos primeros egipcios que se asentaron en las orillas del Nilo cuando, huyendo del árido clima, iniciaron una nueva y grandiosa civilización.

2

GRECIA Y ROMA: LA VIDA AL AIRE LIBRE

¿Ya te ha tocado estudiar a los filósofos griegos? Seguro que sabes quiénes eran y, lo que más nos interesa aquí, cómo vestían en su época. Una túnica o una ligera manta de lana... y poco más. O acuérdate de los romanos que salen en esos cómics de Astérix y Obélix que probablemente habrás leído alguna vez —¡o incluso eres un fan!—. ¿Cómo visten esos romanos, que parecen estar locos, contra los que pelean los irreductibles galos? Con uniforme de faldas cortas y unas alpargatas. ¿Y el césar? Apenas con una ligera túnica, además de la corona de laureles... Y es que ni griegos ni romanos necesitaban abrigarse mucho. El clima en la antigua Grecia era muy parecido al actual, y en la antigua Roma incluso un poco más cálido. Eso favoreció sin duda que los griegos se pudieran reunir en el ágora para filosofar, y luego los romanos en el foro para debatir sobre la república o sobre las obras de ingeniería que llevaban a cabo. Y así, al aire libre y con un clima amable y pocas veces desapacible, pusieron las bases de nuestra civilización actual.

El clima de la antigua Grecia

El clima en tiempos de la Grecia clásica (aproximadamente del 500 al 300 a. C.), debió de ser muy similar al clima actual del Mediterráneo. Las investigaciones y registros de aquel tiempo permiten pensar que la temperatura media pudo ser ligeramente inferior a la actual, pero tampoco mucho. Los veranos en Grecia eran generalmente calurosos y secos, con temperaturas elevadas —en torno a los 30 °C— en las regiones costeras y las islas; los inviernos eran suaves, aunque relativamente húmedos, y rara vez bajaban de los 10 °C. La mayoría de las lluvias caían en los meses de invierno y principios de primavera, mientras que los veranos eran mayormente secos.

Algunas tormentas fuertes sacudían el mar de vez en cuando, pero en general no había graves fenómenos meteorológicos que les afectasen. Despreocupados de los riesgos ambientales, los filósofos griegos pudieron enfocar su atención en los asuntos fundamentales para la humanidad. Y sí, hasta tuvieron tiempo... para interesarse por el tiempo.

Con Aristóteles empezó todo

Hay un nombre muy destacado de aquella época que seguramente habrás estudiado o te tocará estudiar: Aristóteles. Fue el gran sabio griego que, junto a Platón, es considerado el padre de la filosofía occidental. Pensó y escribió sobre casi todo: sobre lógica, metafísica, ética, política, física, estética... Y también se interesó por la botánica, la zoología... y la ¡meteorología! Además de un teórico fue un gran observador y escribió una obra llamada *Meteorológicos*. De ahí procede el nombre de la ciencia que estudia el tiempo, formado por los términos *meteoros*, que significa 'lo que hay en el aire', y *logos*, que significa 'tratado, estudio, ciencia'. Así que podemos concluir que meteorología, de manera literal o etimológica, significa 'el estudio de lo que ocurre en el aire'. Y se lo debemos a Aristóteles.

Después de escribir un tratado sobre astronomía, *Sobre el cielo*, y antes de enfrascarse en la descripción del mundo animal en su amplia obra *Zoología,* Aristóteles se entretuvo con el tiempo y se dedicó a escribir sobre aquello «que se eleva en el aire». Lo hizo de un modo muy general, porque también habló de los terremotos, pero en los cuatro libros que componen los *Meteorológicos* aborda desde el rocío, las heladas o el viento hasta las auroras boreales y los cometas, y define la evaporación y la precipitación. Hay cosas que escribió Aristóteles con las que ahora la ciencia actual no está de acuerdo. Y es que uno puede poner las bases de una ciencia, pero luego ¡ella sigue avanzando!

Su discípulo Teofrasto (372-288) continuó recopilando observaciones del cielo y los cambios en la atmósfera en el *Libro de los signos* (*De signis*) y casi podemos decir que fue el primer hombre del tiempo ya que hacía pronósticos basados en las observaciones: según el color del cielo o las nubes que veía al atardecer, se aventuraba a pronosticar si el día siguiente sería lluvioso o con mucho viento. Hoy en día tenemos un refrán —otro clásico compendio de sabiduría popular sobre el clima— que dice algo similar: «Aurora rubia, o viento o lluvia». La aurora, en este refrán, se refiere al color del cielo; que sea «rubia» significa que es amarilla o anaranjada y, en ese caso, que al día siguiente soplará el viento o incluso necesitaremos el paraguas.

La vida al aire libre

Sabemos por la obra de Aristóteles que en su tiempo había tormentas, arco iris, «caídas de rayos, tifones y torbellinos ígneos».

Vamos, muy parecido a lo que tenemos ahora. También había inviernos con tormentas e inviernos fríos, pero sobre todo tenían muchos días de cielos soleados y calor en verano. Debían de tener los griegos mucho tiempo libre para observar la naturaleza y los fenómenos atmosféricos y podrían hacerlo yendo o viniendo de las tareas en el campo, en los baños públicos o en las barberías y sobre todo en el ágora, donde se pasaban muchas mañanas discutiendo sobre la *polis* y demás asuntos que les preocupaban. Vestían los griegos la túnica o quitón, también llamada chitón, prenda ligera que dejaba un hombro al descubierto. Cuando hacía frío se tapaban con el himatión, el manto habitual de los griegos, un rectángulo de lana de una sola pieza con el que se envolvían el cuerpo. Los soldados lo hacían con la clámide, de un tejido más tosco, que llevaban sujeto al hombro. En los pies, sandalias. Con ese atuendo no parece que tuvieran que combatir muchos días de frío. Al revés, el tiempo benigno los animaría a debatir al aire libre, a compartir ideas en el ágora sobre ética y política: *democracia* es también una palabra griega.

Zeus, el dios del trueno

El tiempo, como no, también está presente en la mitología griega. Y además en lo más alto: Zeus era el *top one* del Olimpo, el dios que gobernaba a los demás dioses... y era también el dios del cielo y del trueno. Tenía Zeus diferentes apellidos según la actividad que realizara. Como Zeus Memactes tenía poder sobre las tormentas invernales y era honrado en Atenas durante las fiestas Memacterias, en el mes de memacterión (más o menos equivalente al noviembre de nuestro calendario). Ya ves que la mitología clásica es muy parecida a un juego de rol.

El equivalente a Zeus en la mitología romana es Júpiter. Y los romanos no solo heredaron muchos de sus mitos y dioses, sino también un clima benigno. La tranquilidad climática fue un aliado de los griegos para su expansión por todo el Mediterráneo y el clima iba a ser incluso más benévolo con sus sucesores: el gran Imperio romano.

¡Ave, césar, el buen tiempo te saluda!

Desde el siglo III a. C. y hasta el siglo IV d. C., el clima de toda Europa atravesó una nueva fase cálida que ha sido bautizada por los climatólogos como el Periodo Cálido Romano, sobre todo entre los años 230 a. C. y 140 d. C. Se trata de una fase climática con una temperatura que podría estar un grado de media por encima de la actual.

Recientes estudios sobre conchas de mar de sedimentos profundos han concluido que la temperatura en el Atlántico norte en esos años fue mayor a cualquiera de las que se alcanzan en la actualidad. Y ese tiempo cálido también llegó al Mediterráneo. En su parte más occidental el clima era cálido y húmedo, lo que favorecía las buenas cosechas de esa parte del Imperio. Y allí estaba Hispania, el granero de Roma. En el norte de África las condiciones eran similares, con lluvias abundantes y suaves temperaturas. Buenas cosechas también para el otro proveedor oficial de cereales del Imperio: Egipto.

Con las despensas llenas y el ejército bien surtido, la expansión resultó más fácil. Julio César, Augusto o Trajano tuvieron el clima de su parte como aliado en sus campañas. En el foro de Roma, los oradores con túnica y sandalias cantaban las hazañas al aire libre… aprovechando el buen tiempo.

Lo bueno se acaba

En otras zonas del mundo también gozaban de un clima benigno con inviernos no demasiado fríos y veranos cálidos, pero, al parecer, sin extremos. Por Alemania e Inglaterra se pudo extender el cultivo de la vid. Así, hacia el año 300 d. C. Inglaterra tenía cubierta sus necesidades con la producción local de vino y no necesita importarlo, algo que no ha vuelto a ocurrir desde entonces. Sin embargo, a partir del siglo III, mientras las provincias del sur y el este del Imperio continuaban su desarrollo apacible, las situadas más al norte empezaron a sufrir económica y militarmente. Son los años de las incursiones de los «bárbaros» del norte: en el año 260 d. C. los galos llegaron hasta Hispania; tres años después los godos tomaron Éfeso. Y una curiosidad: los volcanes, hasta entonces cómplices con su inactividad de la estabilidad climática, empezaron a despertar. Entre 235 y 285 d. C. tenemos hasta cinco erupciones volcánicas que contribuirán a romper la tendencia cálida: se iniciaba una época de enfriamiento que ya no pararía hasta comenzada la Edad Media.

Más adelante te contaré la relación de los volcanes con los cambios climáticos, pero ahora quédate con la idea de que hacia el año 400 d. C. las condiciones frías del clima ya eran más que evidentes. Inviernos más fríos y rigurosos en el norte de Europa animaban a los pueblos bárbaros a desplazarse hacia el sur. Los reinos bárbaros independientes tomarían el relevo de un Imperio romano que, definitivamente, cayó en el año 476. Pero el frío había llegado para quedarse. Los inviernos crudos y desapacibles se fueron prolongando en los primeros siglos de la Alta Edad Media hasta que llegó otro momento, en torno al año 1000, en el que clima entró en un nuevo periodo cálido que llegaría felizmente para animar a la población europea de la plena Edad Media.

3

¡QUÉ CALOR EN LA EDAD MEDIA!

Otra cosa que te confieso aquí: soy muy peliculero. No es que me guste ver pelis, que también, sino que a veces me imagino cómo son las ciudades o las épocas por las pelis que he visto. Nueva York me la imagino como una ciudad repleta de restaurantes italianos con manteles de cuadros donde unos señores gordos de la mafia comen macarrones con tomate y albóndigas. Y la Edad Media me la imagino como una época de caballeros con armaduras y pueblos sucios, campos repletos de barro y gente muy abrigada. Todos sabemos que Nueva York es mucho más que eso y te puedo asegurar que la Edad Media tampoco fue todo el rato una época de muerte, frío y desolación. Al poco de comenzar este nuevo periodo de la historia, alrededor del año 1000 de nuestra era, el clima se tornó de nuevo cálido y tranquilo, con una temperatura media ligeramente superior a la del siglo XX. Muy parecida a la que tenemos ahora, más de mil años después.

El frío del principio

Como estamos hablando de un periodo tan largo —desde el año 400 hasta 1500, aproximadamente— hubo tiempo para que tuviésemos periodos más fríos y otros no tanto. Comenzó la Edad Media con frío. Los pueblos germánicos del norte buscaron tierras más plácidas en el sur y terminaron de rematar al agonizante Imperio romano, que ya venía tropezando y que en esta época terminó de caer.

Más allá de las temperaturas, este periodo de la historia destaca por sus lluvias abundantes que producían inundaciones con mucha frecuencia. Lo sabemos porque de esta época ya hay documentos históricos que recogen estos episodios de lluvias que producían daños. Los encargados de recaudar impuestos debían dejar constancia de los años en los que habían recaudado menos porque alguna tormenta hubiera dañado las cosechas de los campesinos obligados a pagar tributos. Una especie de justificante, en su momento, que ahora nos sirve para hacernos una idea del tiempo que hacía en aquellos días. También tenemos los documentos de los clérigos a los que se pedía que el santo de su iglesia intercediese para que lloviese o para que dejase de llover: son las rogativas, de las que también debían dejar constancia en el archivo eclesial y así han llegado a nuestros días para que los climatólogos puedan deducir si hubo tormentas fuertes o periodos de sequía en aquellos años. Y, aparte de los documentos, también contamos con una técnica que ya hemos visto con «Los detectives del clima» y que nos ayuda a conocer el clima de esa época remota: los anillos de los árboles. Cada año que pasa, se dibuja un anillo en el tronco del árbol. Cuando un anillo y otro están muy juntos es porque el árbol ha crecido poco, y si hay dos anillos muy separados es porque ese año el árbol ha pegado un «estirón». Como sabemos que los árboles crecen más en épocas húmedas, es decir, con lluvias abundantes, al leer los anillos del tronco podemos diferenciar los años en los que llovió más y los que fueron más secos. Estas técnicas sirven a los climatólogos para saber que, por ejemplo, el río Ródano tuvo unas importantes crecidas que inundaron los pueblos de su cauce en los años 563, 572 y 583, o que las lagunas de Venecia se congelaron en el invierno del año 859.

Calor en la Edad Media

Pero esas condiciones frías del inicio de la Edad Media no durarían para siempre. Tras unos siglos de tiempo inclemente les siguieron otros en los que los inviernos ya no serían tan duros. Se trata de una pequeña fase cálida que los científicos llaman el Óptico Climático Medieval o Periodo Cálido Medieval, que se suele situar entre los años 1100 a 1300. Durante este periodo la vida en la mayor parte de Europa se desarrolló con temperaturas ligeramente más altas que la de ahora y, sobre todo, sin grandes temperaturas extremas. Las lluvias llegaban más ordenadas, sin producir daños graves, y eso era buena noticia para que las cosechas salieran adelante y para que las poblaciones no tuvieran que estar más preocupadas de salvar sus casas que de recoger sus huertos. Se estima que los veranos en el centro de Europa eran un grado y medio más cálidos que los actuales. El calor llegaba en junio y seguía en septiembre, el cereal maduraba sin contratiempos y así, año tras año, se desarrollaba el ciclo de la vida agraria. Y en aquella época, basada en el campo, este era el ciclo de la vida en general.

En el oeste de Europa, donde se encuentra la península ibérica, que lleguen o no las lluvias tiene mucho que ver con el equilibrio entre las bajas y las altas presiones, es decir, entre las borrascas y el anticiclón. Nosotros tenemos habitualmente una zona de bajas presiones situada entre Groenlandia e Islandia, y un centro de altas presiones sobre las islas Azores: el famoso anticiclón de las Azores. En las épocas en las que predomina el primero solemos tener borrascas que llegan a nuestro país y otras zonas de Europa con lluvias generosas.... Si el que manda es el segundo, las borrascas no llegan y tenemos tiempo seco. El juego o equilibrio entre uno y otro se llama «oscilación del Atlántico Norte» o NAO, por sus siglas en inglés.

Durante el periodo cálido medieval se cree que predominaron los años de NAO en positivo, es decir, una configuración que permitía la llegada de los vientos desde el oeste que traían aire húmedo a Europa, deparando inviernos suaves y lluviosos. Una NAO en negativo supone, al contrario, inviernos y veranos más extremos, con más frío y calor, respectivamente, y con unas lluvias de distribución más irregular.

La bonanza del clima

Pero de todo esto lo que más nos interesa, como siempre, son las consecuencias que pudieron tener para la sociedad de aquel momento. Y los historiadores destacan sobre todo las positivas. Con cosechas abundantes y aseguradas, había alimento suficiente con el que alimentar a las personas y los animales, y la población del continente europeo se multiplicó por tres en ese periodo.

Los inviernos eran suaves y lluviosos, los veranos cálidos pero no extremos, en primavera no se presentaban las heladas tardías que podían arruinar la cosecha. El motor de aquella sociedad feudal era el campo, y aquel motor estaba perfectamente engrasado por un clima favorable.

En la Edad Media, si la cosecha era abundante, los tributos también lo eran y los nobles podían apoyar las campañas bélicas del monarca. Si fallaba la cosecha los nobles se resentían, pero los artesanos y campesinos, directamente, morían. Agricultura, y economía, de supervivencia. Pero en estos siglos los años buenos sobresalían sobre los malos. Los pintores medievales reflejaban en sus cuadros las copiosas cosechas de la época. En Islandia, incluso cerca de su costa norte, recogían cosechas de cebada hasta el siglo XII. Después, no se volvería a plantar hasta comienzos del siglo XX. Y no solo con los cereales: también ocurrió con la producción de vino. A la viña le gustan los contrastes de tiempo entre la noche y el día, que se traducen en matices en el hollejo de la uva, de donde cogerá sabor el vino. Pero lo que no quiere son sustos meteorológicos a lo largo del año. Lluvias, las justas; y sobre todo no en verano, para no favorecer la propagación de hongos en las hojas y tallos. Para la uva tan malo como el exceso de humedad es su ausencia y en aquel entonces, sin los elementos de control del riego que existen hoy en día, un año seco podía acabar con toda una viña. Y sobre todo las temperaturas, con ese enemigo que son las heladas tardías, de abril o mayo, que se llevan los primeros brotes y arruinan la campaña del otoño siguiente, cuando apenas darán fruto. Porque sin uvas ¡no hay vino! Pues bien, en aquellos siglos de clima más cálido se pudo hacer vino en zonas donde hasta entonces no se podía y donde ahora tampoco es que se haga mucho. En el año 1200 se cultivaba la viña en el sur de Escandinavia y zonas costeras del mar Báltico; en Inglaterra

se extendieron las viñas por el sur y el centro, hasta el norte de Hereford y la frontera con Gales; y en la Selva Negra alemana, por encima de los 700 metros.

La población se triplicó en ese periodo, como ya te he comentado. Y no solo había más gente: también la gente se movía más. En aquella época se construyeron numerosos puentes y caminos para el tránsito de personas y mercancías y muchos de ellos han sobrevivido hasta nuestros días. Igual alguna vez has hecho una excursión por un pueblo donde tienen un puente medieval... Pues es muy probable que sea de esta época, cuando se podía viajar más porque el tiempo lo permitía y se necesitaban puentes para cruzar el río con el ganado. Esos puentes, si alguna vez te fijas, están como empinados hasta el centro y luego bajan, como si fuera una «V» al

revés, y por ese motivo se los llama puentes alomados o de lomo de asno.

En España cobró mucha importancia el comercio de la lana y la trashumancia; en torno a las ovejas nació la primera asociación gremial en la historia europea, la Mesta. El movimiento no solo era de mercancías: esta es también la época del apogeo de las peregrinaciones y, con ellas, nuevos caminos y puentes que aun hoy se conservan, por ejemplo, en el Camino de Santiago.

Y gracias a un clima más cálido, y a que el casquete polar no llegaba tan al sur, los vikingos pudieron colonizar por primera vez Groenlandia y viajar incluso hasta Terranova, en Norteamérica. Pero esta historia, aunque sea de la misma época, merece un capítulo para ella sola. Te invito a conocer a Erik el Rojo y los vikingos descubridores.

4

ERIK EL ROJO Y EL TIEMPO DE LOS VIKINGOS

Groenlandia es la isla más grande del mundo... y puede que la más vacía. En un territorio cuatro veces mayor que España entera vive la misma cantidad de gente que en Ávila. Hay muchos científicos, eso sí. Y sobre todo, mucho, mucho, mucho hielo. Pero durante el Periodo Cálido Medieval, cuando las temperaturas fueron más elevadas que las de épocas anteriores, se pudo cultivar en parte de su territorio y, lo que es más interesante aún, los barcos pudieron llegar a sus costas porque no iban a encontrar un mar helado que les impidiese navegar hasta allí.

Y esos barcos que llegaron a Groenlandia en el siglo x fueron los de los vikingos. Aprovechando el clima menos frío del periodo cálido medieval, los vikingos procedentes de Noruega llegaron

hasta Groenlandia, instalaron dos colonias y hasta cultivaron sus tierras. Y la culpa de todo la tuvo Erik el Rojo.

Un mundo con menos hielo

Ya sabemos que entre los años 800 a 1200 el clima en Europa atravesó una fase cálida, con temperaturas medias más altas que en los siglos anteriores. Después de esa fecha llegó de nuevo el frío y lo que se conoce como la Pequeña Edad de Hielo, de que la hablaremos en el capítulo siguiente. Los vikingos, los hombres del norte, eran un pueblo acostumbrado al mar y a viajar entre el hielo. Así lo habían hecho siempre hasta entonces. El frío no les asustaba y, como expertos navegantes, sabían enfrentarse a temporales o sortear témpanos de hielo. Pero cuando estos obstáculos en el mar comenzaron a ser menos frecuentes —gracias a un par de siglos de un clima más cálido— los vikingos pudieron ir más allá y desde Noruega e Islandia llegaron, por primera vez, hasta Groenlandia.

Erik el Rojo

Erik Thorvaldsson fue un vikingo y explorador nacido en Noruega en el año 950. Se le considera el fundador del primer asentamiento vikingo en Groenlandia, lugar donde encontraría la muerte en el año 1003. Se supone que era pelirrojo y de ahí le viene el mote: Erik el Rojo.

El padre de Erik se llamaba Thorvald —por eso Erik se llama Thorvaldsson: 'el hijo de Thorvald'— y la cuestión es que cometió un crimen y fue castigado a exiliarse en Islandia, una isla de volcanes, cascadas y mucho, mucho hielo. De ahí le viene su nombre:

Ísland, en noruego antiguo, es una palabra compuesta por *ís* ('hielo') y *land* ('país, territorio'). Y en inglés directamente se llama Iceland: 'el país o la tierra del hielo'.

Hacia Islandia partieron Thorvald y su hijo Thorvaldsson —Erik—, así como el resto de la familia. Y allí creció Erik, se hizo mayor, se casó con una mujer islandesa y acabó siguiendo los pasos de su padre: se metió en líos y fue acusado de la muerte de un vecino. Así que ahora es Erik el que se enfrenta a un castigo: la cárcel o el exilio. Pero exiliarse, ¿dónde? Sabía, por leyendas que circulaban desde décadas atrás, que había tierra más allá de Islandia, navegando hacia el oeste, pero nadie había ido. Ahora se sabe que, antes de él, pudieron haber estado por allí otros avezados marinos, pero entonces no se tenía constancia. El caso es que Erik el Rojo decide poner rumbo al oeste. Navegó sin apenas obstáculos y en el año 982 llegó a la costa de una gran isla que bautizó con el nombre de Groenlandia, 'la tierra verde'.

La tierra verde

Los descubrimientos ocurren muchas veces por casualidad y, otras, por obligación. A la fuerza ahorcan, se suele decir, y precisamente para evitar ser ahorcado Erik el Rojo llegó hasta Groenlandia donde, por primera vez en la historia, se instalaron unas colonias nórdicas que duraron hasta el siglo XV..., cuando tuvieron que abandonarlas definitivamente porque el clima de nuevo se volvió más frío y las condiciones para la vida se hicieron imposibles allí. ¡Por eso es tan interesante que pudieran estar habitadas durante varios siglos!

La costa sudoeste, donde desembarcó la expedición original de Erik el Rojo en el año 982, estaba libre de los hielos glaciares. Muy blanca puede que no fuera, pero muy verde, tampoco. Islandia lo debería ser más. Un paisaje de pastos y matorrales recibieron al vikingo que, eso sí, estaría loco de contento por tener un lugar al que llegar y dejar atrás sus problemas con la justicia. Así que ese paisaje le parecería la tierra más verde del mundo; pero es que, además, ese nombre (*Grønland,* que en danés significa 'tierra verde') le facilitaría el objetivo que se planteó a continuación: conseguir que viniesen muchos vikingos más desde Islandia y Noruega a establecerse como colonos en la nueva tierra descubierta. Y si la hubiera llamado «Tierra Fría», o algo así, seguramente le habrían dicho: «Bueno, pues para eso no vamos. ¡Ya lo tenemos aquí!». Pero lo de decirles que se vinieran a la «Tierra Verde» debió de tener mucho más tirón. El caso es que no le costó mucho llenar otros veinticinco barcos más con hombres y mujeres destino a Groenlandia.

Colonias en Groenlandia

Los vikingos se instalaron en dos asentamientos en la isla. El primero de ellos, llamado Asentamiento Oriental, lo hizo junto a las aguas más protegidas del sudoeste. Allí estaba Brattahild, el hogar de Erik. Otro grupo viajó más al norte y fundó el llamado Asentamiento Occidental, cerca de donde ahora esta Nuuk, capital de la actual Groenlandia —que, por cierto, ahora pertenece a Dinamarca— y era más pequeño que el asentamiento del sur. Se estima que en el momento álgido de la colonización vikinga en ellos podrían habitar de 3000 a 5000 personas.

Las casas donde vivían eran grandes y alargadas, construidas de piedra y madera, y en los techos ponían bloques de hierba o de turba, con lo que conseguían aislamiento contra el frío. A lado de las viviendas había otras construcciones más grandes que eran almacenes, sobre todo graneros, para guardar las necesarias provisiones.

Y edificaron también pequeñas iglesias de piedra, ya que la mayoría eran cristianos, e incluso organizaron una diócesis, que pasó a ser dependiente de la archidiócesis noruega de Nidaros en 1126.

Criaban ovejas, cabras y vacas, de las que obtenían carne, leche y lana; cultivaban pequeños huertos con hortalizas para el día a día y también algunas parcelas de cereales, aunque la base de su dieta era el pescado. Desde esos asentamientos, los colonos se dedicaban a la pesca del bacalao o al comercio de colmillos de morsa y pieles de foca. Los barcos recogían la carga en Groenlandia y la trasladaban a Islandia o a Noruega para, desde allí, comerciar con el resto de Europa.

Precisamente la disminución del comercio con Europa, hacia el año 1300, fue uno de los motivos que les hizo ir pensando en abandonar esas colonias: los hielos habían empezado a regresar al mar y dificultaban la navegación con el continente donde, además, el comercio del marfil de los elefantes africanos había empezado a sustituir al de los colmillos de morsa, que ya se demandaba menos. Por si fuera poco, los inuit de la cultura thule, el pueblo que estaba en Groenlandia antes de que llegaran los europeos, comenzaron a extenderse hacia el sur y seguramente eso provocaría conflictos con los vikingos. Y todo ello en medio de ese nuevo giro del clima que habría de llevarnos a una época más fría en toda Europa y a ellos a unas condiciones de vida tan dura que ya no les merecería la pena seguir allí. A partir del siglo XIV los asentamientos vikingos en Groenlandia empezaron a declinar y en siglo XV desaparecieron definitivamente, cinco siglos después de la llegada de Erik el Rojo. Su legado, eso sí, ha quedado en la historia y en la arqueología de Groenlandia como ejemplo de la capacidad de los pueblos nórdicos para sobreponerse a las dificultades, adaptarse a condiciones duras y mantener una sociedad próspera durante varios siglos.

5

LA PEQUEÑA EDAD DE HIELO

Si algún día se inventan las becas Erasmus para viajar en el tiempo, no te pidas el siglo XIV. En esa época en Europa lo debieron de pasar fatal. Para empezar, en el invierno de 1309 se congela el Támesis en Londres. Toma ya. A partir de 1313, durante ocho años seguidos, llueve sin parar en gran parte del centro de Europa, tanto en invierno como en verano. Y entre 1347 y 1352 sufrimos la mayor pandemia que ha vivido este continente: la peste negra. Las condiciones climáticas tan benignas de los siglos anteriores estaban cambiando. Si hasta entonces lo normal eran años de buen tiempo, con algunos desfavorables intercalados, a partir de ahora lo raro va a ser encontrar un año bueno. Acababa de empezar en Europa la llamada Pequeña Edad de Hielo, que se iba a prolongar durante cinco siglos más. Cinco siglos de clima frío y un tiempo muy variable, con frecuentes fenómenos adversos.

Antes también se conocía como Pequeña Edad Glacial este periodo de la historia, pero el nombre que ha triunfado ahora entre los investigadores del clima es este, Pequeña Edad de Hielo, PEH. A pesar del nombre, no hay que pensar que las condiciones fueran tan extremas como durante las glaciaciones de la Edad de Hielo de las que hablamos en la primera parte de este libro. Se trata más bien de un periodo amplio, eso sí, en el que las temperaturas en el conjunto de Europa fueron más bajas que las actuales, sobre todo con inviernos más largos y fríos que los que tenemos ahora, nevadas más frecuentes y heladas intensas y tardías. Pero también hubo años con veranos cálidos, o incluso alguno muy cálido, porque esta variabilidad extrema, a veces de un año a otro, es también una de las características que se destacan de este periodo, en el que las manifestaciones más severas del clima, como las tormentas y los temporales, las riadas y las sequías, también se hicieron más frecuentes. A partir del siglo XIV podemos decir que el clima empezó de nuevo a volverse más hostil.

Parece que la PEH no afectó a todas las partes del mundo por igual, y tampoco hay una fecha exacta para su comienzo ni su final. En el norte de Europa comenzaron a notarse las nuevas condiciones más frías a partir del siglo XIV y se mantuvieron hasta mediados del siglo XIX. Lógicamente, en más de cinco siglos hubo de todo en el clima. Aunque lo habitual fueron los años con nevadas, heladas y temporales, también hubo periodos más tranquilos y con temperaturas similares a la actuales. Podríamos decir que la variabilidad fue la característica principal sobre un fondo general de condiciones frías, por eso hay debate de si se trata de un pequeño cambio climático o no.

Lo que parece más claro es que hay un parte de este periodo en que las condiciones frías se impusieron al resto durante unas fases más o menos amplias. A una de esas fases yo la llamo «el núcleo duro de la PEH» y son los ciento cincuenta años que van desde 1550 a 1700. En este siglo y medio fue cuando más se notaron en España los efectos de la PEH.

El clima se enfría

Hasta el siglo XIII todo era coser y cantar en la Edad Media —o, más bien, cosechar y cosechar—, con ese clima más tranquilo del que hemos hablado. Pero al entrar el siglo XIV esas condiciones comienzan a cambiar y en los archivos históricos empiezan a predominar las relaciones de inviernos fríos o de años extremadamente lluviosos. Sobre todo lo fue el de 1315, conocido como el de «el gran diluvio». El norte de Europa fue barrido por una sucesión de borrascas que empezaron en enero y no pararon hasta después del verano. El terreno no tenía tiempo de absorber aquella cantidad de agua y enseguida brotaban charcos por todos lados, convirtiendo las calles en ríos de barro y los campos recién arados en lagunas de lodo. Los bueyes no podían entrar a arar, el momento de la siembra se pasaba y, sin poder sembrar, tampoco había nada que recolectar. La cosecha de 1315 fue un total desastre. Y luego llegó el siguiente, y fue peor.

El año 1316 fue el peor de toda la Edad Media en lo que a cultivo de cereales se refiere, dicen los historiadores. O las plantas eran muy débiles y pobres, o directamente no creían. El trigo se resintió y también la producción de vino, afectada por enfermedades como la botritis o el mildiu, que atacan los viñedos cuando hay mucha humedad por las constantes lluvias.

Había menos alimento para las personas y también para el ganado. Da pena, pero en aquel siglo los animales de las granjas debían morir por miles, de hambre o de frío, y al ser tantos y al mismo tiempo, y no poder retirarlos a todos, se transmitían enfermedades con gran facilidad. Aquí tenemos otra pescadilla que se muerde la cola, una cadena de acontecimientos que se van sumando unos a otros hasta desembocar en un triste final: una gran hambruna.

Las fuertes lluvias y las grandes hambrunas de los años 1315 y 1316 en el norte de Europa marcaron el inicio de un periodo largo y oscuro para la historia. Y peor fue cuando, a medidos de ese mismo siglo, apareció una pequeña bacteria que conseguiría exterminar a un tercio de la población europea: la *Yersenia pestis*. La peste negra.

La peste negra

La gran peste o peste negra fue una pandemia de peste bubónica, provocada por la bacteria *Yersinia pestis,* que asoló Europa en el siglo XIV. ¡Ya te dije que no te pidieras este siglo cuando inventen la máquina para viajar en el tiempo! La peste negra es la mayor epidemia de peste que sufrió Europa y quizá la responsable de que tengamos esa imagen de la Baja Edad Media que reflejan muchas películas: ciudades en descomposición, con habitantes envueltos en harapos que parecen zombis... La infección, originada en las estepas de Asia, entró en Europa a través de barcos mercantes que, junto a las mercancías, transportaban en sus bodegas unos polizones habituales: ratas. Aquellos malditos roedores venían, sin saberlo, con la peste a cuestas en forma de pulgas, unos huéspedes diminutos y muy molestos que eran portadores de la bacteria y la trasmitían con su picadura, tanto a las ratas como a los seres humanos. La puerta de entrada de la enfermedad fue el puerto

de Caffa, en el mar Negro, entonces colonia genovesa, y de ahí se extendió a Genova, Venecia o Marsella siguiendo las rutas comerciales de la época.

En Génova tuvieron el primer brote de peste y murió un 35 % de la población. A partir de ahí ya fue un no parar. La parte más álgida de la epidemia se sitúa entre 1347 y 1351, cuando pudieron morir más de 25 millones de europeos. El clima no fue el responsable directo, pero puso las condiciones adecuadas para que el bacilo de la peste pudiera extenderse y convertirse en plaga. Con sus fríos y sus lluvias más frecuentes, podríamos decir que preparó el terreno para que la epidemia se expandiera hasta convertirse en pandemia. Los historiadores creen que si esa bacteria hubiera llegado durante el periodo cálido medieval ahora no estaríamos hablando de pandemia porque, para empezar, se habría encontrado con una población suficientemente alimentada. Pero, cuando se produce, el escenario es perfecto: la población habría crecido notablemente en los siglos previos y ahora teníamos una mayor cantidad de gente que alimentar con una menor cantidad de alimentos. Al perro flaco todo son pulgas...

A partir de 1315 y hasta 1550 el clima se fue haciendo más inestable y, sobre todo a partir del 1550, cada vez más frio. Años secos se alternaban con otros donde las lluvias torrenciales y los fuertes temporales se cobraban miles de vidas de europeos. ¿Y en España?

La PEH en España

La Pequeña de Edad de Hielo se vivió en España sobre todo durante los siglos XVI y XVII. En esta etapa, aunque hubo años con veranos muy calurosos, lo normal era ver nevar en invierno y que se helasen los ríos. Lo que más caracterizó este periodo también aquí fue la extrema variabilidad tanto de las temperaturas como de las lluvias: eran frecuente las inundaciones y riadas, pero también las severas sequías. De los cien años del siglo XVI en setenta de ellos hay noticias de sequías en los archivos históricos. Cuando no era un invierno gélido teníamos un ardiente verano, aunque más habituales eran los años en los que el frío se prolongaba más allá del propio invierno, con heladas tardías en el mes mayo, que arruinaban la cosecha, o nevadas copiosas ya entrada la primavera. En 1531 fue famosa una nevada que cayó en tierras castellanoleonesas ¡el 7 de junio!; en 1627 nevó en Madrid durante dos días del mes de mayo y antes de terminar el siglo vieron la nieve en Córdoba en dos días de marzo de 1694.

De todos estos hechos tenemos noticia por los archivos históricos a través de documentos que hacían referencia a fenómenos meteorológicos diversos, sobre todo aquellos que afectaban a las cosechas, bien fuera por sequías o por inundaciones que derribaban puentes o hasta pueblos enteros. Hoy son noticia las masas de aire frío que llegan desde el norte Europa, el frío siberiano del que a veces hablamos por televisión los meteorólogos. En aquellos siglos esas «invasiones frías» eran mucho más habituales que en la actualidad. Los que han estudiado aquel periodo de nuestra historia piensan que en aquella fase fría lo habitual era tener un anticiclón extendido hacia el norte del Reino Unido, de manera que empujase la masa de aire más frío hacia el interior y el sur del continente. Eso significa temperaturas muy bajas y un frío que, además, se podía convertir en nieve cuando llegaran las borrascas. Lo que ahora sucede de forma ocasional, en el siglo XVI debía de ser mucho más frecuente. En Valencia capital hay constancia de nevadas el 18 de enero de 1543 y en febrero de 1592, el 22 de diciembre de 1593, el 3 de febrero de 1600, el 31 de enero de 1624...; una nevada que deja «un palmo» de espesor en

Alicante el 29 de diciembre de 1572. También las efemérides nos vuelven a mostrar lo variable que era el clima en aquellos tiempos: 1543 comenzó con una nevada en enero en Valencia, pero termina con los rosales floreciendo en diciembre en Barcelona, un hecho inusual que también registraron los cronistas de la época.

Lo que en la actualidad es algo raro era lo normal en los inviernos de España de hace quinientos años. En el siglo XVI se registraron cuarenta y cinco inviernos crudos que merecían figurar en las crónicas. Estas invasiones de aire polar continental se combinaban con otros escenarios de anticiclón persistente, una configuración atmosférica que tiene como consecuencia más llamativa la de producir heladas considerables. Funciona de la siguiente manera: cuando hay altas presiones no llegan las nubes, con los cielos despejados durante la noche se escapa el poco calor que se ha generado durante el día —eso se llama *irradiación*— y la temperatura baja aún más. Cuando tenemos temperatura bajo cero se producen las heladas y, si además hay niebla —algo muy habitual también con el anticiclón en invierno—, se juntan ambos fenómenos y se produce lo que se llama *cencellada*, que es muy llamativa, y sucede cuando las gotitas de agua en suspensión que forman la niebla se posan sobre un árbol, una valla del campo o una farola de un camino y se congela, formando como un manto de hielo blanco alrededor del objeto.

Cuando se congelaban los ríos

Bien fuera por las heladas del anticiclón o por las invasiones de aire polar continental, el caso es que nos han llegado de aquella época numeras noticias relacionadas con el frío. Relatos que escribieron los cronistas del lugar, o el encargado de recaudar impuestos, o el

cura de la iglesia encargado del archivo parroquial. A los historiadores les encanta cotillear en esos documentos para averiguar los hechos del pasado, como ya explicaremos con detalle en el último capítulo dedicado a estos «detectives del clima». Pero ahora voy a contarte algunos de esos sucesos que recogen los documentos antiguos. En el invierno de 1506 un cronista vio a un hombre cruzar el río Ebro en Tortosa caminando por su superficie helada; tres años antes este río ya se había helado en el mismo lugar, y el 20 de diciembre de 1572 se volvió a helar y se mantuvo congelado hasta final de mes. Lo mismo sucedió al año siguiente, en 1590, en 1624 —en dos ocasiones— y de nuevo en 1694. Este año el Ebro permaneció helado durante tres días y el espesor de hielo parece que alcanzó los tres metros. Durante los quince días siguientes, numerosos testigos se encontraron témpanos de hielo flotando aguas abajo. Actualmente, pensar que esto pueda llegar a suceder es sencillamente imposible.

Otros ríos tampoco se libraban del hielo en invierno. En enero de 1506 además del Ebro también se heló el Tormes, por ejemplo, y el día de los Inocentes de 1623 el río Muga se heló a la altura de Girona con tal espesor que nadie podía romper el hielo para coger agua. Tampoco el río Tajo, a su paso por Toledo, se libra del hielo: las crónicas refieren heladas en 1529, 1530, 1536, 1603, 1679... Sobre una de ellas, la de 1536, dice una noticia:

> Vimos que a principios de enero se heló el Tajo con tanto rigor [...] que le pasaron a 9 de enero más de cincuenta personas a la par, y corrieron y jugaron en él a los birlos y al herrón, e hicieron lumbre y asaron carne con ella en mitad del río.

De todo en el tiempo

En los siglos XVI y XVII en el clima de España predominaban las invasiones de aire frío, sí, pero también algunas olas de calor en verano. Muchas de ellas, como ocurre ahora, se producían cuando llegaban hasta nuestra península las masas de aire sahariano, cargadas algunas veces no solo de calima —la arena del desierto— sino también de otro «producto»: ¡las langostas! Esos insectos que son como los saltamontes. Esto también era raro, y, por lo tanto, motivo de que quedase registrado en las crónicas de la época, y por ellas sabemos que afectaron a los cultivos de Andalucía y las regiones del Mediterráneo, pero también a Extremadura y lo que hoy es Castilla-La Mancha.

Nevadas y sequías, plagas de langosta... y, para rematar, lluvias torrenciales, que tampoco faltaron en la PEH y también han dejado constancia en los archivos. En Valencia y Utiel llaman al de 1517 «el año del aguaducho» por las riadas provocadas por lluvias repentinas, y eso que es una zona de España donde están acostumbrados a las lluvias repentinas. Diez años después, el río Arlanzón se desborda en Burgos, tras un deshielo provocado, esta vez, por un enero cálido. ¡Otra muestra más de aquel clima loco! El de 1617 es «el año del diluvio» en Aragón y Cataluña, con treinta y dos días seguidos lloviendo en otoño. Murcia tampoco se libra de las inundaciones, sobre todo en el siglo XVII, cuando la ciudad sufre casi treinta años de riadas (1615, 1632, 1635, 1651, 1653, 1669), ¡y todas en el mes de octubre!

Pero casi peor para los cultivos era que lloviese mucho en verano. Y en Galicia, treinta y tres veranos de los cien del siglo XVII fueron veranos lluviosos. En las iglesias se hacían plegarias *pro serenitatem*, es decir ¡para que dejase de llover! En otras muchas ocasiones, las rogativas eran *pro pluviam*, es decir, para que lloviera. El extremismo climático de España, donde o te secas o te inundas, llegó a su cenit en nuestro siglo XVII.

En aquella España del PEH, donde era habitual ver nevar y nuestros ríos se congelaban, también surgió toda una economía en torno al frío que creó nuevos oficios y algunas infraestructuras que han llegado hasta nuestros días, como los pozos de la nieve, donde se guardaba el hielo para la primavera. Todo tiene una parte buena, aunque a veces sea difícil encontrarla, y podemos decir que en este caso surgió algo provechoso de tanto frío: el comercio de la nieve. Vamos a conocerlo un poco más en el siguiente capítulo.

6

EL COMERCIO DE LA NIEVE

La historia la puedes leer en los libros o te la puedes encontrar en la calle donde menos te lo esperas. En España puedes aprender cómo fue de frío nuestro clima en el pasado reciente visitando algunos pueblos de Alicante, de Almería o de Ciudad Real: en lugares donde ahora resulta muy raro ver nevar puedes encontrarte unas pequeñas construcciones llamadas «pozos de la nieve» o «neveros» que se construyeron y usaron en aquellos años de la Pequeña Edad de Hielo. Incluso en esas zonas nevaba con frecuencia. En Valencia, por ejemplo, en un pueblo llamado Bocairent hay incluso un Museo de la Nieve. Está ubicado en el centro histórico de la ciudad, en una cueva o cava llamada de Sant Blai en la que hasta no hace mucho (principios del siglo XX) se guardaba la nieve caída durante el invierno para venderla después en Gandía, Ontenient y otras localidades de la zona. Se trata de una especie de depósito de casi ocho metros de diámetro y once de profundidad, coronado por una cúpula. Actualmente es una visita turística. Se puede llegar al interior de la cueva por una galería muy estrecha, de tan solo un metro de ancho y 1,80 de alto: ese era el conducto por donde evacuaban al exterior el agua del hielo que se iba fundiendo mientras estaba almacenado. Ya dentro de la cueva o depósito encontrarás unos paneles fotográficos donde podrás conocer más detalles de este comercio de la nieve que funcionó en España desde más o menos el siglo XVI.

Algo bueno tendría que tener la PEH de España, y algo bueno habría que sacar del hielo y la nieve que tanto abundaban en aquellos tiempos. Y es que el hielo tenía entonces muchos usos medicinales: se usaba para bajar la fiebre, como antiinflamatorio o para evitar infecciones en las heridas de la guerra. Y también tenía aplicaciones gastronómicas y culinarias: se usaba como conservante de alimentos —igual que se hacía con la sal o el escabeche— y también cuando empezaron a ponerse de moda los granizados en verano.

Neveros y nevateros

El comercio de la nieve en España tuvo su máximo en los siglos XVII y XVIII. Aparecieron una serie de profesiones nuevas—ahora desaparecidas— como los nevateros, jornaleros encargados de recolectar y almacenar la nieve en los neveros. Pero también esta incipiente industria afectaría a otras profesiones, como arrieros y comerciantes, ya que además de recoger la nieve y transformarla en hielo había que repartirla por los pueblos y después venderla en los comercios.

¿Quieres saber cómo fabricaban el hielo antiguamente? La primera parte del proceso, tras la nevada, era recoger la nieve y almacenarla en un depósito como ese que puedes visitar en el museo de Bocairent. Los había de distintos tipos y se pueden llamar con distintos nombres: pozos de nieve, neveras, cavas, pozos de hielo o ventisqueros. Estaban ubicados en zonas de sierra o montaña, donde se acumulaba más nieve. Suelen ser construcciones circulares de piedra, más o menos anchas y más o menos profundas, cubiertas por una pequeña cúpula de piedra o ladrillo, con una pequeña puertecita que es por donde metían la nieve y entraban los nevateros. Estos trabajadores de la nieve llevaban una pala y un rastrillo de madera y, a la vez que metían la nieve en el nevero, la iban aplastando para compactarla, porque así ocupaba menos sitio y además se eliminaba el aire para que se conservase mejor. A veces usaban martillos de madera o pisones para ir aplastándola, o directamente iban pisando sobre la nieve con alpargatas limpias para no ensuciarla. Cada 25 o 30 centímetros de nieve compactada colocaban una capa de paja, hojas o ramas que servía primero como aislante y luego para facilitar la extracción del bloque de hielo, como esas hojas de *film* transparente que ponen entre las lonchas de queso o de jamón york para separarlas fácilmente. Y así, en aquellos lejanos siglos, tenían hielo y nieve disponible durante todo el año: en los meses fríos la nieve que caía de forma natural en las montañas, y durante el verano la que habían almacenado en esos pozos, ahora transformada en hielo listo para vender.

La nieve y el Mediterráneo

El hielo en aquellos siglos, y hasta no hace mucho, se trasportaba en capazos, a lomos de burros, o en carros tirados por mulas. Viajaban de noche para evitar que se derritiese tan delicada carga. Bajaban de las montañas para venderlos en los pueblos y ciudades y paraban por el camino. Como las noches eran frías encendían hogueras para dormir al raso. Por diferentes motivos, a mucha gente le gustaba disponer de hielo y en todas partes de España prosperó el comercio de la nieve. Una de las zonas donde triunfó fue en las regiones del Mediterráneo. A Palma llegaba la nieve desde las *cases de neu* ('casas de nieve') de la sierra de Tramontana, donde se encuentran cinco de los cuarenta pozos que hay en toda la isla de Mallorca. Uno de ellos, el de Galileu, data del siglo XVII, durante ese «núcleo duro» de la Pequeña Edad de Hielo que también se notó en las Baleares. Del 3 al 7 de enero de 1697 hubo una gran nevada general que obligó a descargar la nieve de los tejados de la ciudad de Palma y se vieron flotar en el mar enormes témpanos de hielo. Todavía hoy creo que está abierta una heladería y repostería muy popular en la ciudad, llamada Ca'n Joan de s´Aigo, donde recuerdan que su fundador, el señor Joan, se dedicaba a la venta de hielo en la montaña antes de fabricar helados de almendra, con los que triunfó. Un nevatero que se pasó a heladero, y después a repostero, en una isla del Mediterráneo.

En Valencia también debían de consumir mucho hielo en verano. Abastecían a la ciudad los neveros de la provincia, pero también los de Sacanyet, en Castellón, como el llamado «ventisquero de los frailes». La mayoría de municipios alicantinos tenían ventisqueros que los aprovisionaban de hielo, repartidos por las sierras de las comarcas cercanas, como el de la sierra de Mariola, en Alcoy, los de Jijona y Aitana o los del Maigmó. Puedes visitar uno en el pequeño municipio de Sax, en una especie de cueva que se abre al pie de la sierra donde está ese bonito castillo que se ve desde la carretera cuando viajas a Alicante. En este pueblo, por cierto, celebran su fiesta de Moros y Cristianos el día de San Blas, el 3 de febrero, en pleno invierno, y el año que estuve yo daban ganas de bañarse del sol que hacía. Durante la PEH sería impensable: más bien estarían ese día recogiendo la nieve para guardarla en su nevero.

En otros muchos lugares de España también te puedes encontrar algún pozo de la nieve, como en el País Vasco y La Rioja, en la Región de Murcia, en Jaén y hasta en Almería, en la sierra de los Filabres, o en Albacete y en Ciudad Real, donde hay uno cerca de Campo de Criptana. Este me gusta mucho porque está muy bien restaurado, se puede visitar y puedes hacerte una buena idea de todo lo que hemos contado aquí. Lo que decíamos al principio: la historia la puedes leer o te la puedes encontrar en la calle de un pueblo… ¡si sabes dónde mirar!

Al rico granizado

¿Y en Madrid no había? Pues sí. Y además parece que la capital de España demandaba mucho hielo en verano ya que, además de sus usos medicinales y como conservante, se popularizó una bebida que vendían en los quioscos de las calles madrileñas, en las verbenas populares o en las tertulias de los cafés: el granizado de limón. La nieve que caía en la sierra de Guadarrama se trasformaba en hielo en los pozos de la sierra y se trasportaba hasta la ciudad, donde primero se almacenaba en unos depósitos antes de repartirlo a estos establecimientos. Uno de esos almacenes estaba en la Casa de Campo, en una zona llamada Fuente de Neveros, y otro se ubicaba en lo que ahora es la Glorieta de Bilbao, que entonces

se llamaba Puerta de los Pozos de Nieve. Ya los nombres te dan una pista de la importancia que tendría para el Madrid de aquel entonces el hielo... o los sorbetes de limón.

Los pozos de la nieve son una manifestación de aquellos inviernos en los que las nevadas eran frecuentes en muchas zonas de España, y también un ejemplo del ingenio del ser humano para aprovechar las condiciones del clima en su beneficio. Se crearon nuevos oficios y un negocio floreciente hasta que dejaron de tener sentido cuando llegó el frío industrial, a principios del siglo XX y, sobre todo, en los años 50 y 60 del pasado siglo, cuando los frigoríficos domésticos empezaron a llegar a las casas españolas y desparecieron los nevateros que aplastaban la nieve en los pozos, y los arrieros que la trasportaban con sus burros hasta las ciudades. Pero quedan en nuestro recuerdo y, a partir de ahora, seguro que también en tu memoria.

7

FRANKENSTEIN Y EL AÑO SIN VERANO

Todo tiene un final, y la Pequeña Edad de Hielo no iba a ser menos. Lo que pasa es que no hay una fecha exacta. Parece que, a partir de 1840 en España y de 1855 en el resto de Europa, fueron predominado los años templados sin brusquedades térmicas y ahí es cuando se piensa que ya terminó la PEH. Este ha sido el último periodo en la historia reciente de nuestro clima que podría identificarse como un pequeño cambio climático. Ahora podríamos estar en otro, pero de signo contrario: el calentamiento global, del hablaremos en la última parte del libro. Pero desde el final de la PEH hasta ahora, es decir, durante la mayor parte de los siglos XIX y XX, el clima se ha mostrado más o menos igual, aunque eso no significa que no haya habido unos años más fríos que otros o incluso unas décadas más frías o más cálidas que otras.

Antes de meternos de lleno en el siglo XX —la última parada que nos falta antes de llegar al tiempo actual— quiero hablarte de las causas de la Pequeña Edad de Hielo, y también de un año muy especial, justo antes de que terminase la PEH. Un año que ha pasado a la historia con un nombre muy especial: «el año sin verano». Y en ese año, además, nació la leyenda de un monstruo que a lo mejor solo con oír su nombre te puede entrar miedo, pero que después de conocer su historia —que enseguida te voy a contar— seguro que ya no tanto: el monstruo de Frankenstein.

Las manchas en el sol

Esas condiciones más frías en el clima de la Tierra durante la Pequeña Edad de Hielo se han relacionado, entre otras causas, con la ausencia de manchas solares en la superficie del Sol.

Hay ocasiones en las que, si miras el Sol a través de un telescopio, o incluso mediante un teleobjetivo potente de una cámara —y los filtros adecuados para tener seguridad—, se pueden ver como unas pecas en la superficie del Sol, unos puntos de diferentes tamaños, pero en general pequeños, que suelen estar agrupados y son oscuros como un lunar. Esas son las manchas solares. Sabemos que son áreas más frías que el resto de la superficie solar y que están relacionadas con la radiación total que llega a la Tierra: cuando más manchas hay en la superficie, más radiación emite el Sol y, por lo tanto, más calor se puede quedar en la Tierra. Esto es algo más complejo de lo que parece a siempre vista, como luego trataré de explicar. Pero ahora quédate con este dato: las manchas solares suelen seguir ciclos regulares de aproximadamente once años. Es lo que llamamos un ciclo solar: durante once años hay un periodo de gran actividad solar y aparecen muchas manchas en su superficie, y luego vienen otros once años en los que hay muy poquitas. Esto tampoco es tan simple, porque los ciclos a veces no se cumplen: no son tan exactos.

El caso es que desde 1645 a 1715 apenas aparecieron manchas solares sobre la superficie del Sol, como si nuestra estrella se hubiera echado la siesta. Y eso justo coincide con lo que llamamos el «núcleo duro» de la Pequeña Edad de Hielo, es decir, las condiciones más frías de todo el periodo. Esta baja actividad solar la observó por primera vez un astrónomo llamado Edward Walter Maunder y por eso este fenómeno lleva su nombre: el «mínimo de Maunder». Para que te hagas una idea, si los ciclos solares normales tienen un promedio de unas 50.000 manchas en una década, durante el mínimo de Maunder se observaron... ¡menos de 50 manchas por década! De ahí viene lo de mínimo.

La actividad solar es uno de los factores que contribuyen a los cambios naturales del clima, aunque su importancia es relativamente pequeña en comparación con otras causas; por eso decía que la cosa es más complicada que simplemente relacionar manchas solares con calor y ausencia de manchas con clima frío. Lo que pasa también es que, si esa reducción de la energía del Sol se combina con otros elementos, sus consecuencias se pueden reforzar o amplificar. Por ejemplo, si a un ciclo solar de mínimos le sumamos unos volcanes muy activos... el clima tenderá a enfriarse. Pues eso es lo que ocurrió a principios del siglo XIX.

... Y, además, los volcanes

Las manchas solares también brillaron por su ausencia entre 1790 y 1830. Este es otro mínimo, llamado esta vez el «mínimo de Dalton» porque su observación se la debemos a John Dalton, meteorólogo y científico inglés, quien, por cierto, también estudió esa deficiencia que tienen algunas personas en la vista y que les hace ver los colores de manera distinta al resto: el daltonismo (del nombre de ese científico les viene el nombre a los daltónicos).

Durante el mínimo de Dalton la actividad solar no fue tan baja como en el mínimo de Maunder, pero aun así disminuyó la cantidad de energía solar que llegaba a la Tierra a través de la radiación. El efecto en el enfriamiento del clima sería relativamente pequeño por sí solo, pero en esta ocasión se combinó con un aumento de la actividad volcánica justo por esas mismas fechas.

La actividad de los volcanes es otro de los responsables de los cambios climáticos, como sabemos desde que la Tierra empezó a formarse. Pero en años más recientes, coincidiendo con el mínimo de Dalton, los volcanes del mundo tuvieron también una gran actividad.

Cuando se produce una erupción volcánica de tipo explosivo, toneladas de material incandescente son enviadas con fuerza a la atmosfera. La lava puede correr ladera abajo del volcán, pero las cenizas y el polvo viajan más arriba, hasta llegar a la estratosfera. Esta es la capa de atmósfera que está por encima de la que nosotros tenemos más cerca, que se llama troposfera. Si subes a 12 kilómetros de altura ya te estás metiendo en la estratosfera... y tienes estratosfera hasta los 50 km de altura. En esta capa de la atmósfera el aire es más frío en la parte de abajo, y se mueve de manera horizontal y una velocidad relativamente baja pero constante: es como una corriente de aire sereno rodeando la Tierra. Y si en esa corriente entra polvo o ceniza, lo que tendremos será como una capa fina de partículas —se llaman aerosoles— formando como una pantalla alrededor del planeta. Esta pantalla dificulta que los rayos solares lleguen hasta la superficie, o hace que lleguen con menos fuerza, y aquí tenemos otro motivo por el que baja la radiación solar y, por lo tanto, puede bajar la temperatura de la Tierra. Eso ocurre en las erupciones más violentas, con potencia suficiente para enviar una gran cantidad de materiales a regiones altas de la atmósfera, que puedan entrar en la estratosfera y fabricar esa capa, ese velo alrededor de la Tierra.

Pues bien, a finales del siglo XVIII y principios del XIX no solo teníamos un mínimo de manchas solares en el sol —el mínimo de Dalton—, sino que, además, también fueron frecuentes esas erupciones volcánicas explosivas alrededor del mundo. Por destacar algunas: en mayo y junio de 1783 en Islandia; en agosto de ese mismo año en Japón; en 1812 en las Pequeñas Antillas y en las Cébeles; en 1814 en Filipinas; y en 1815 la del volcán Tambora en Indonesia. Y atención a esta última, porque el año siguiente, 1816, es el que ha pasado a la historia como «el año sin verano».

El año sin verano

La erupción del volcán Tambora en la isla de Sumbawa, al este de Java, comenzó el 11 de abril de 1815. Después de tres meses de violentas erupciones, las cenizas caían sobre terrenos situados a más de 500 kilómetros de distancia. Pero no se quedaban solo ahí. El volcán impulsó la nube de cenizas hasta la estratosfera y, una vez allí, fue extendiéndose alrededor del planeta en los siguientes meses, cubriendo paulatinamente los cielos e impidiendo que los rayos solares llegaran con toda su fuerza. En enero de 1816 nevó en el sur de Italia y en abril en la costa este de los Estados Unidos, lugares donde las nevadas son raras. Pero es que, además, la nieve que caía era de color marrón, azulada o incluso roja, al mezclarse en las nubes con los gases volcánicos presentes en la atmosfera. En Francia el sol solo se hacía visible por encima de los 17 grados en el horizonte, es decir mucho después de haber salido, porque una especie de capa gris tapaba el inicio del horizonte… una especie de niebla seca y densa que se extendía por todas partes. Cuando llegó el verano de ese año, la temperatura no logró remontar. La media de temperatura en Europa y en América del Norte en los meses estivales fue entre 2,3 y 4,6 grados más bajas que las normales.

En el centro y oeste de Europa, además, las lluvias y tormentas acompañaron a las bajas temperaturas de 1816. En Francia se retrasó la vendimia, y en Inglaterra y Alemania se malograron otra vez las cosechas de cereal. Con el hambre y la leña húmeda, que no servía para calentar, con el invierno llegaron las enfermedades. Subió el precio del pan y el número de indigentes. Por esta y otras causas, una nueva crisis de subsistencia y nuevos conflictos y migraciones volvieron a escena. Pero hay otra consecuencia de aquel año sin verano que también me gustaría que conocieses. En aquel frío y gris verano de 1816 nació Frankenstein en un lago de Suiza. Bueno, no te creas que nació el monstruo, sino la novela. Porque Frankenstein es un cuento. Déjame que te cuente su historia.

La historia de Frankenstein

Habrás oído hablar del monstruo de Frankenstein, o incluso puede que hayas tenido alguna pesadilla con él. ¡Espero que no! Frankenstein es ante todo una novela, una magnífica novela que se publicó en el año 1818 con el título original de *Frankenstein o el moderno Prometeo*, cuya autora es la escritora inglesa Mary Wollstonecraft Shelley, más conocida como Mary Shelley.

Frankenstein cuenta la historia del joven científico Víctor Frankenstein, que está obsesionado por desentrañar los secretos de la vida, y se fabrica una criatura utilizando partes de cadáveres. La criatura que le sale tiene una apariencia monstruosa, pero posee inteligencia y sensibilidad. Su aspecto provocaba miedo en los que la veían, condenándolo a la soledad. A partir de ahí, la novela cuenta cómo busca vengarse de su creador por haberle dado vida sin considerar las consecuencias tan tristes que podrían tener para él. Y claro, durante esa aventura, pasan cosas... Esa es básicamente la novela.

Pues bien, a Mary Shelley, la autora, se le ocurrió todo esto una noche de verano de aquel año sin verano, en la que un grupo de escritores se contaban cuentos en una mansión junto a un lago de Suiza.

Aquel año de 1816 estaba siendo un año duro en la Inglaterra natal de Mary Godwin (así se llamaba nuestra autora antes de casarse). Tras un invierno frío y húmedo llegó una primavera fría y lluviosa, y este mal tiempo duraba tanto que parecía que el verano no iba a llegar nunca. Así fue como un grupo de escritores británicos, todos ellos dentro de la corriente que se llamó Romanticismo, quisieron huir de la fría y persistente niebla londinense y viajaron al continente pensando que encontrarían un tiempo apacible y sereno y soleados días para pasear por las verdes montañas suizas bajo el cielo azul. Pero de eso nada, monada.

En Villa Diodati, una mansión suiza a orillas del lago Lemán, se reunieron el famoso escritor lord Byron, su médico y asistente John William Polidori y la pareja formada por Mary Godwin Wollstonecraft y el poeta Percy Shelley, junto con Claire Clairmont, hermanastra de Mary. Sin embargo, en su destino tampoco iban a encontrar muy buen tiempo que digamos, según cuenta la propia Mary Godwin:

> El verano fue frío y lluvioso y por la noche nos congregábamos al calor de la chimenea y nos entreteníamos contándonos historias de fantasmas, de procedencia alemana, que por casualidad habían caído en nuestras manos.

Y es que en el centro de Europa, como ya sabemos, también padecían esa bajada de las temperaturas que afectaba a Inglaterra —unos dos grados menos de media— y seguramente el tiempo no favorecía las excursiones al aire libre que habían planeado hacer por el idílico entorno de los lagos suizos. Así que no les quedaba otra que refugiarse en la villa y encender la chimenea.

Y, para entretenerse, lord Byron propuso un juego: cada uno de ellos debería retirarse a una estancia de la mansión y escribir un relato de terror que luego pondrían en común. Polidori escribió uno titulado *El vampiro*, uno de los primeros cuentos sobre este tema, que también da tanto miedo; Percy Sheally presentó un poema y el propio Byron un pequeño cuento titulado *El entierro*. Y Mary, como ella misma explicó después,

> Me entretuve pensando una historia que consiguiera que el lector tuviera pavor al mirar a su alrededor, que le helara la sangre y que acelerara los latidos de su corazón.

La chica —tenía entonces solo dieciocho años— se fue a la cama aquella noche e, incapaz de conciliar el sueño, empezó a imaginar lo que después sería su relato. A la mañana siguiente contó a sus amigos que había tenido una idea para un cuento, porque pensó

que la historia no daría para mucho más. Animada por Percy Shelly siguió escribiendo, ya de regreso a Inglaterra, hasta completar la novela, que publicó en 1818, primero de manera anónima —sin poner su nombre— y luego, en la segunda edición, con el nombre de Mary Shelly ya que se había casado con Percy y adoptó su apellido.

Y así fue cómo cobró vida una historia que ha llegado a ser uno de los grandes hitos de la novela de terror. Gracias a que aquellos escritores, obligados a pasar mucho tiempo en la casa debido al mal tiempo que hacía fuera, buscaron algo con lo que entretenerse. E inspirados seguramente por los atardeceres peculiares de aquellos cielos velados por las cenizas del Tambora, entre fuertes tormentas que iluminarían con sus relámpagos las frías noches en Villa Diodati.

Frankenstein nació el año sin verano.

8

EL SIGLO XX Y LOS SATÉLITES

Ya estamos a punto de llegar al final de la segunda parte del libro, la segunda etapa de nuestro viaje por la historia del clima. Hemos conocido aquí cómo el clima se calentó al acabar la última glaciación y aparecieron las primeras civilizaciones; cómo los griegos y romanos gozaron de un clima benigno que se mantuvo al comienzo de la Edad Media y cómo empezarían a predominar después los años fríos y lluviosos, intercalados por otros de veranos normales o incluso secos, para conformar lo que se ha llamado la Pequeña Edad de Hielo. De ella saldría el continente europeo hacia el año 1855, cuando el clima empezó a volverse más templado. Y así habría de continuar hasta casi la actualidad, aunque también con algunos momentos que destacan algo más que otros a ojos del clima. Los repasaremos ahora para hacernos una idea de cómo fue el siglo XX... ¡el siglo en que nacieron tus padres y tus abuelos!

El siglo XX

En el conjunto del siglo XX la Tierra se calentó 0,6 °C de media. Como es una media, tenemos unas partes del planeta donde la temperatura aumentó más que en otras: el hemisferio norte, y sobre todo el Ártico, es más sensible al aumento global de la temperatura y se suele calentar más. Eso también pasa actualmente. Desde 1855, en que se sitúa el final de la PEH, hasta la década de 1940 podemos decir que las temperaturas se fueron recuperando lenta pero progresivamente. No obstante, antes de que terminara el siglo XIX otra ola de frío sacudió Europa. En el invierno de 1894-1895 los témpanos de hielo volvieron flotar sobre el Támesis, en Londres, aunque el río ya no se heló por completo como sí había ocurrido en los siglos anteriores. Después vendría otra fase más fría, ya más recientemente, entre 1945 y 1977, con un clima con temperaturas medias anuales un par de décimas de grado por debajo de la media del siglo. En este periodo tuvimos también algunos inviernos que recordaban «los de antes»: el de 1962-1963 fue el invierno más frío en Reino Unido desde el año 1740. En 1965 el mar Báltico estuvo completamente cubierto por una capa helada y en 1968 la mitad de Islandia quedó rodeada por los hielos marinos. Rusia y Turquía tuvieron en 1971 su invierno más frío en doscientos años y el de 1976-1977 fue el más gélido que recuerdan en la costa este de Estados Unidos.

Aquí, en España, esa fase fría del siglo XX se retrasó un poco, pero también la tuvimos entre 1951 y 1971. En esos años sufrimos algunos de los inviernos más gélidos que se han podido vivir por aquí recientemente. Si tu padre, tu madre o alguno de tus abuelos nacieron en alguno de los años comprendidos en ese intervalo de tiempo, les puedes decir que es muy probable que nacieran en un día muy frío si era invierno, o más fresco de lo que tocaba si es en alguna de las otras estaciones. Yo vine al mundo en la fría primavera de 1971.

En estos años se alcanzaron los récords de frío en España, las temperaturas más bajas registradas en el ciclo actual y que actualmente siguen vigentes. Tenemos, por un lado, el récord de frío en zona no habitada, que se alcanzó en la estación situada en el lago Estangento, en Lérida, donde se registraron -32 °C el 2 de febrero de 1956. En cuanto a zonas habitadas, el récord lo tiene el pueblo de Calamocha, en Teruel, con -30 °C registrados el 17 de diciembre de 1963. Y especialmente helador fue el invierno de 1971 —el año que nací yo—, con temperaturas de -24,6 °C en Reinosa (Cantabria), -24 °C en Albacete o -22 °C en Burgos. Todas son temperaturas oficiales y comprobadas. Y en aquellos inviernos, además de hacer más frío, las nevadas eran más frecuentes. Si oyes a alguna persona mayor decir que cuando ellos eran pequeños hacía más frío que ahora, no te creas que son cosas de viejos: ¡tienen toda la razón!

A partir de la década de los 80 los años ya empezaban a ser algo más cálidos —o predominaban los cálidos sobre los fríos, para ser más exactos—, y por ahí empezó la nueva fase cálida que sigue hasta la actualidad. Y más cálida que se ha vuelto desde principios del siglo XXI, como contaremos en la última parte del libro. Pero ahora quédate conmigo, porque antes de terminar este viaje por la historia reciente del clima nos quedan aún algunas paradas interesantes en el siglo XX.

El desembarco de Normandía

En el siglo xx tuvimos dos guerras mundiales, dos acontecimientos muy trágicos que han pasado a la historia. Y la segunda de ellas pudo haber sido incluso peor si hubieran ganado la guerra los nazis. Pero eso pudo evitarse gracias a un desembarco en la costa francesa de Normandía, que impulsó al bando aliado hacia la victoria final. Y en esta operación militar tuvo mucho que ver la meteorología: el conocimiento del tiempo fue fundamental para conseguir derrotar al Tercer Reich.

El 6 de junio de 1944 se produjo el desembarco de Normandía, la mayor operación militar por mar de toda la historia y el inicio de la liberación de Europa occidental durante la Segunda Guerra Mundial. Pero ese no había sido el día elegido en un principio para la operación Overlord, que es como realmente se llamaba esta acción militar conjunta por tierra, mar y aire de los ejércitos de Estados Unidos, Reino Unido, Francia y Canadá, entre otros países.

El desembarco se había planificado inicialmente para el lunes 5 de junio. Ese día había luna llena, algo necesario para contar con una playa donde desembarcar. Te explico. Las mareas suben y bajan, como sabes. Y si veraneas en Canarias o en el Cantábrico, por ejemplo —en el Mediterráneo pasa menos— es posible que lo hayas visto con tus propios ojos: con la marea baja —o bajamar— la playa es mucho más grande, pero cuando sube la marea —o pleamar—todo es agua y la playa prácticamente desaparece. Pues bien, la marea tiene mucho que ver con la luna y cuando está en fase de luna llena o de luna nueva las mareas son más pronunciadas, es decir, hay una mayor pleamar cuando sube y una mayor bajamar cuando baja. Y aquel día estaban en la víspera de la luna llena. Pero, aparte de la luna, era fundamental contar con buen tiempo. Y ¿cuál es el tiempo ideal para un desembarco así? Pues no es sencillo. La marina, por una parte, requiere un mar con pocas olas porque si hay viento y el mar está muy picado las lanchas avanzan con mayor dificultad o directamente se hunden. La aviación, que da apoyo desde el aire, precisa que los vientos en altura no sean muy fuertes y que el cielo no esté muy nuboso para poder orientarse. Y los soldados de infantería que van a bordo de las lanchas, además de que el mar no esté muy agitado, para no marearse mucho, necesitan que no llueva para que no se enfangue el terreno y puedan avanzar sin obstáculos, que ya bastante obstáculo es el fuego de las ametralladoras enemigas.

Pues bien. el capitán James Martin Stagg, nacido en la localidad de Dalkeith, cerca de Edimburgo, fue el principal asesor meteorológico del desembarco y persuadió al general Dwight Eisenhower, al mando de la operación, para que cambiara la fecha de la invasión aliada. Stagg no solo predijo una tormenta para el 5 de junio de 1944, que haría inviable el desembarco, sino que pronosticó para el siguiente día siguiente condiciones favorables para la operación Overlord, que sí se pudo realizar con éxito el 6 de junio. Desde los despachos, y con un mapa del tiempo como arma, Stagg fue otro héroe de la batalla de Normandía.

No le fue fácil convencer a otros meteorólogos que formaban parte del dispositivo, con los que tenía constantes reuniones y hasta discusiones. Es que se jugaban mucho, la verdad, y el pronóstico no era nada fácil. Ninguno tenía (ni tampoco tenemos ahora) una bola de cristal para ver el futuro y entonces ni siquiera contaban con el apoyo de los satélites o de supercomputadoras, como tenemos ahora, para elaborar el pronóstico. En aquellos años, para intentar predecir por dónde podrían circular los frentes y las borrascas era fundamental la observación, tanto desde las estaciones en tierra como desde los barcos... Ahí es donde estaba la ventaja de los alia-

dos: contaban con mucha información procedente de las bases situadas en Escocia o en Irlanda, que son los lugares donde suelen nacer las borrascas que acaban cruzando el Canal de la Mancha y afectando a las costas francesas. Vamos, que los aliados contaban con información relevante de esta parte de Europa que tanto interesaba para los pronósticos..., y los alemanes, no.

De hecho —y esto no lo sabe mucha gente— Stagg y su equipo disponían también de un escuadrón especial de la Real Fuerza Aérea de Reino Unido (la RAF, por sus siglas en inglés: Royal Air Force) que tenía su base en una pequeña isla cerca de la costa escocesa. El escuadrón 518 operaba desde Tiree, una de las islas Hébridas, y desde allí volaba cientos de kilómetros hacia el océano

Atlántico para obtener información meteorológica. Las misiones podían durar hasta diez horas y eran realizadas usualmente de noche. En su vuelo iban tomando datos de temperatura y presión atmosférica que eran transmitidas por radio a una base en Londres y después llegaban hasta el centro de mando en Portsmouth, donde Stagg los usaba para confeccionar su pronóstico. Esto fue fundamental porque gracias a eso los aliados tenían conocimiento de cómo estaba el tiempo en esa zona del Atlántico que tanto les podía afectar. Y, repito, los alemanes, no.

Utilizando los datos enviados desde Tiree y la información de otros escuadrones, Stagg pronosticó que el día 5 de junio, el que había sido elegido para el desembarco, habría un frente frío atravesando la costa francesa, por lo que la marina tendría un mar picado, los aviones baja visibilidad debido a las nubes y los soldados se encontrarían con lluvias y un terreno enfangado. Con esta previsión se fue a convencer al general Eisenhower para que retrasara un día el desembarco.

El verdadero éxito de Stagg fue ver una mejoría del tiempo para el día 6, cuando otros pronósticos indicaban que seguirían llegando frentes y, por tanto, mal tiempo. Eso es lo que pensaban, por ejemplo, los meteorólogos del ejército alemán. Como no esperaban que se produjese el desembarco ese día, pues pensaban que el tiempo sería desfavorable, podemos decir que les pilló por sorpresa y que ese fue otro factor que contribuyó a su derrota.

Ahora se sabe que si Eisenhower, el jefe, no hubiese hecho caso a Stagg la habría fastidiado, pero bien, y por partida doble. Por un lado, hizo bien en olvidarse del día 5, como inicialmente estaba previsto. Ese día amaneció con sol en el sur de Inglaterra, pero desde el otro lado del canal llegaron noticias de que el frente frío todavía afectaba a la costa francesa con vientos fuertes y lluvias, así que el desembarco habría sido un fracaso. Pero, además, hizo bien el general en admitir la fecha del día 6, pese a que no todos los meteorólogos estaban de acuerdo. ¿Qué pasó? Que Stagg había recibido datos de observaciones, realizadas a unos 1000 kilómetros al oeste de Irlanda, que indicaban un aumento de la presión atmosférica, y apostó por que se impondría el anticiclón, se calmaría el tiempo y, por lo tanto, mejorarían las condiciones que posibilitarían la operación. Si Eisenhower no le hubiera hecho caso y hubiera pospuesto el desembarco para más adelante, tendría que haber esperado al menos quince días más, que es cuando habría luna nueva y de nuevo tendrían la necesaria marea baja. Pero justo en esas fechas, el 19 y 20 de junio, se produjo en el Canal de la Mancha una de las mayores tormentas de los últimos años que, además, ningún servicio meteorológico había pronosticado, por lo que el desembarco habría sido un completo fracaso y los alemanes habrían podido ganar la Segunda Guerra Mundial. O a pesar de ello tampoco hubieran ganado, la victoria aliada se habría retrasado algunos meses o hasta algunos años más, que habrían sido meses y años de muertes y destrucción. Y todo eso pudo evitarse gracias a los certeros pronósticos de un meteorólogo escocés... y a su capacidad para convencer al general estadounidense.

El tiempo en televisión

Es también en este siglo XX cuando se empezó a dar el tiempo en televisión, y eso me gusta recordarlo porque ya no es solo que forme parte de la historia: ¡esto forma parte también de MI propia historia!

La televisión es un invento muy antiguo. En el año 1884 un ingeniero alemán llamado Paul Nipkow patentó un rudimentario artefacto que se piensa que es el origen de la televisión, el disco de Nipkow, que después fue utilizado en las primeras emisiones de televisión. Estas tardarían aun bastante en llegar. Fue el 25 de marzo de 1925 cuando el inventor escocés John Logie Baird hizo la primera exhibición pública de imágenes en movimiento por televisión; la imagen que se trasmitió era la de un maniquí. En 1937 ya comenzaron las transmisiones regulares de TV electrónica en Francia y en el Reino Unido, con televisores de pantalla pequeñas y muy caros, y en la década de 1950 llega la televisión a color... y la expansión de este electrodoméstico por los hogares del mundo avanzado.

A medida que cobraba importancia el medio de trasmisión también lo hacia el contenido que se ofrecía en ella, y así fue como a las ocho menos cinco minutos de la mañana del 11 de enero de

1954 se emitió por primera vez un espacio de información del tiempo en la famosa BBC británica. El presentador fue George Cowling, de 33 años, un meteorólogo que trabajaba para la Royal Air Force en la Oficina Meteorológica del Reino Unido, la famosa y prestigiosa Met Office.

Hasta entonces se había emitido solo un mapa, con una voz en *off* que explicaba los pronósticos, y duraba apenas unos segundos. La primera presentación meteorológica de Cowling duró casi cinco minutos y usó dos mapas del tiempo hechos a mano —ese fue su grafismo de entonces—. George presentaba el tiempo «en vivo» delante del mapa, que sostenía sobre un caballete, y con un lápiz de carbón en la mano. Continuó presentando los boletines meteorológicos para la BBC hasta 1957 y luego siguió trabajando como meteorólogo en diferentes destinos, entre ellos el aeropuerto de Heathrow, hasta que se jubiló en 1981.

En España el honor de ser el primer «hombre del tiempo» de la televisión corresponde al toledano Marino Medina, y su estilo era muy parecido al de su colega británico... pero con gafas de pasta. La primera emisión de la televisión española (lógicamente de TVE, que era la única que existía entonces) fue el 28 de octubre de 1956, cuando se inaugura la cadena. Discursos oficiales, una misa y una actuación de Coros y Danzas de España y, dos días después, apareció en la televisión de nuestro país el primer mapa meteorológico. Fue el 30 de octubre de 1956. Al principio solo salía el mapa, una voz en *off* y, como mucho, un brazo con un puntero señalando las isobaras; luego ya apareció en pantalla el dueño del brazo: el meteorólogo don Marino Medina, nacido en el pueblo toledano de Las Ventas con Peña Aguilera en 1922, primer «hombre del tiempo» de la televisión española desde 1956 y durante veintiocho años seguidos. Con sus gafas de pasta, su puntero entre las manos y su afán didáctico —se esforzaba por hacer entender fácilmente los

pronósticos más difíciles— se hico muy popular entre la sociedad de aquel entonces. ¡Así empezó todo!

La era de los satélites

Mariano Medina empezó pintando los mapas del tiempo en directo con una tiza sobre una pizarra. Después fueron los departamentos de grafismo de las teles y ahora ya los podrías hacer tú mismo en tu ordenador, con el *software* adecuado y presentarlos con gráficos en 3D, realidad aumentada y todo lo que haga más atractiva la presentación del tiempo como se hace ahora. Por mi parte, me gusta usarlos de manera que no solo den más espectacularidad a la presentación del pronóstico, sino que además sirvan para que el espectador lo comprenda mejor. Seguro que es por ese afán didáctico que heredo con gusto de mi paisano Medina y de otros «hombres del tiempo» que me precedieron, como Manuel Toharia, que también lo fue en TVE a finales del siglo XX.

Y además de grafismos multicolores, mapas, radares o nubes en 3D, ahora también usamos mucho la imagen de satélite para apoyar nuestra presentación del tiempo. Esto es algo que no tenían aquellos primeros hombres del tiempo que empezaron en la tele de los años 50 del siglo XX. Pero los satélites no solo son importantes para la *presentación* del pronóstico. Puede que incluso eso sea lo de menos: sobre todo son importantes para la *confección* del pronóstico. Tanto es así, que la irrupción de los satélites meteorológicos durante el pasado siglo XX se considera un antes y un después para la historia del clima.

El primer satélite artificial de la historia fue el Sputnik, lanzado por la Unión Soviética el 4 de octubre de 1957 desde el cosmódromo de Baikonur. El Sputnik 1 era una especie de balón de baloncesto de aluminio con cuatro largas y finas antenas y algo más de 80 kilos de peso. Su misión era demostrar que se podían transmitir datos desde el espacio, pero sobre todo sirvió para que la URSS se apuntase un tanto frente a Estados Unidos en lo que se llamaba la «carrera espacial» de la Guerra Fría: una especie de competición entre ambas superpotencias para «conquistar el espacio» antes que el otro. La antigua Unión Soviética ganó algunas «batallas», como el primer satélite artificial (el Sputnik, en 1957, del que ya hemos hablado) o el primer hombre que salió al espacio (Yuri Gagarin, en 1961)... pero los Estados Unidos ganaron la «guerra»: el primer hombre en pisar la luna (Neil Armstrong, en 1969).

Hubo que esperar unos años más para tener ahí arriba el primer satélite artificial con una misión meteorológica: el Tiros. El primer satélite meteorológico, en realidad, fue el Vanguard, que se lanzó el

17 de febrero de 1959 con el objetivo de medir la capa de nubes, pero debido a un fallo en su eje de rotación no pudo recoger una cantidad suficiente de datos útiles. El Tiros 1 fue lanzado por la NASA el 1 de abril de 1960 y su misión era capturar imágenes de patrones meteorológicos de la Tierra desde su órbita que sirvieran para mejorar los pronósticos. Contaba con dos cámaras de televisión que grababan en cinta magnética y estuvo operativo durante 78 días.

En España tenemos el famoso Meteosat, que para mí es como un miembro de la familia, aunque él tiene la suya propia: Meteosat es una serie de satélites meteorológicos construidos y lanzados por la Agencia Espacial Europea que se encuentran en órbita geoestacionaria, a unos 38.000 kilómetros por encima del océano Atlántico. Proporcionan información meteorológica a África y Europa. Actualmente ya vamos por el Meteosat-12, de tercera generación, lanzado el 13 de diciembre de 2022, pero todo empezó con el Meteosat-1, que fue lanzado el 23 de noviembre de 1977, el primero de aquella primera generación de satélites meteorológicos que funcionaron a finales del siglo XX y que supusieron una revolución para el pronóstico del tiempo.

Ver la Tierra desde el espacio ya es impresionante... pero ver las nubes en movimiento además es muy útil. Los frentes, las borrascas, las tormentas tropicales o los huracanes... Hasta entonces el ser humano —y el meteorólogo— solo podía verlos desde abajo o dibujados en su mapa del tiempo; ahora se les puede ver desde arriba, en vivo y en directo. Se ve hacia dónde se dirigen, pero también se sabe mucho más de ellos a través de los instrumentos que estos satélites llevan a bordo: la temperatura y altura de las nubes, la presión atmosférica. Se pueden calcular también las temperaturas de superficie de tierra y del agua, la altura del nivel del mar... Y cada vez más, porque la ciencia avanza, amigo, que es una barbaridad. Y justo de eso es de lo que te voy a hablar en el

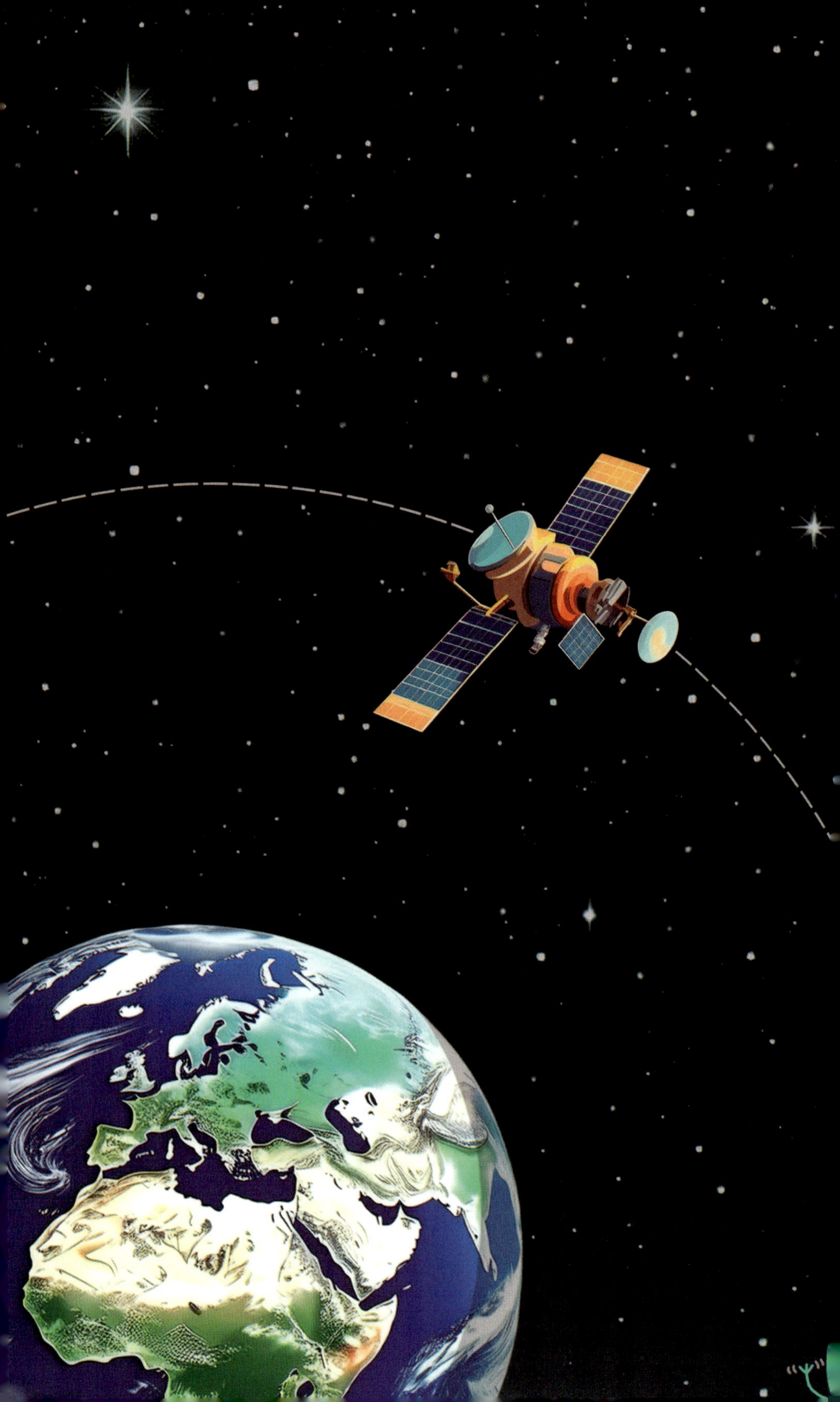

siguiente capítulo. Ahora solo me queda decirte que ya estamos en el presente, hemos llegado al final de nuestro primer viaje: ya estamos en el tiempo actual. Aquí termina nuestro viaje por la historia del clima y el tiempo que ha experimentado nuestro planeta. Pero prepárate, porque enseguida empezamos otro igual de apasionante: ¡un viaje por todo lo que nos ofrece el tiempo en la actualidad!

El tiempo de los descubrimientos

Si quieres saber qué tiempo hace hoy en París o en Almendralejo, provincia de Badajoz, lo tienes bastante fácil. Solo tienes que buscar en una web o una app del tiempo y te saldrá toda la información: el tiempo actual, el de ayer o una previsión para los próximos días. Podrás ver la temperatura, el estado del cielo —si está despejado o nublado, o si hay lluvias—, y si quieres también puedes obtener más datos como el de la presión atmosférica, la humedad relativa del aire, la velocidad y dirección del viento, etc. Todo ello sirve para que puedas hacerte una idea lo más completa y real posible del tiempo que hace en Almendralejo. O en París.

Pero, si lo piensas un poco, la cosa no es tan sencilla. Y no me refiero a la posibilidad de acceder a los datos de forma instantánea que ahora nos ofrecen las nuevas tecnologías, incluso con el móvil que llevas en el bolsillo. Eso es otro tema. Porque para trasmitir esos datos antes hay que obtenerlos. Y ahí es donde quiero llegar. Para conocer la temperatura necesitas un termómetro, para averiguar la presión un barómetro, para saber a qué velocidad sopla el viento un anemómetro... Instrumentos que ha desarrollado el ser humano a lo largo de la historia para conocer con exactitud el tiempo atmosférico y que hace cuatrocientos años pasaron a formar parte de las herramientas que utilizan en su trabajo nuestros detectives del clima.

En este capítulo conoceremos algunos de ellos —el equipamiento básico, podríamos decir— pero antes tendemos que explicar cómo se investiga el clima de los siglos anteriores; tiempos pasados, sí, pero ya no tan remotos como los de aquellas glaciaciones que vimos en la primera parte de libro. En esos siglos, aunque antiguos, ya había hombres protagonizando la historia... y dejando por escrito su paso por ella. En esos documentos encuentran nuestros detectives numerosas pistas que les aportan información sobre el clima y el tiempo del pasado.

Antes de los instrumentos

Desde mediados del siglo XVII existen datos obtenidos por termómetros y barómetros, pero no podemos hablar de una época instrumental de la meteorología hasta 1850, es decir, hace poquito tiempo. Y es que solo es partir de mediados del siglo XIX cuando ya hay suficientes observatorios repartidos por el mundo y las observaciones se hacen de seguido —observaciones sistemáticas— y en número suficiente para que resulten eficaces a la hora de hacerse una idea rigurosa del tiempo y del clima. Para averiguar el de siglos anteriores, nuestros detectives, a los que se suman ahora con fuerza los historiadores, recurren a los documentos históricos y aplican sobre ellos su labor detectivesca, encontrando pistas de todo tipo. Unos relatan directamente que en tal año llovió mucho o que hubo una inundación que destruyó tantas casas, pero en otros puede que se hable solo de las cosechas del trigo y de aquel año en el que una helada arruinó la cosecha: ¡ahí tenemos una pista! Dentro de todos los tipos de documentación de diversa índole que manejan los detectives hay uno que es un filón: los anales.

La importancia de los anales

Los anales son documentos donde se iba registrando año por año lo sucedido en una ciudad, un país o un reino, o incluso en lugares más pequeños que necesitaban dejar constancia de lo que sucedía —y que además podían hacerlo—, como son las iglesias o los monasterios. Estaban al cargo de las mismas personas, que se llamaban *escribas*, en el caso de las cortes, y que podían ser también los *cronistas* oficiales de la villa en los ayuntamientos. O un monje, dentro del convento.

En los anales se recogen eventos políticos, como batallas o coronaciones de reyes; se deja constancia de la fecha de inicio y final de alguna construcción importante o de algún monumento; se señalan los eventos religiosos y festividades... y también se documentan fenómenos naturales que solían producir daños o, cuanto menos, llamar mucho la atención, como terremotos, eclipses, inundaciones, sequías, plagas de insectos... ¡*Voilá*! Todo esto es un filón para los detectives. Pero también se recogen otros muchos datos que obligan a nuestros detectives a hacer un trabajo de deducción y a relacionar algunos temas con otros. Y esos son,

sobre todo, los referidos a las condiciones de las cosechas de cada año en particular, ya que durante la Edad Media la agricultura era crucial en la economía de un país y para la vida de sus gentes.

Son famosos los anales de los reyes de Asiria o de la dinastía Tang en China, con relatos de tiempos muy antiguos. En Europa se podría decir que se empieza a contar el tiempo de una manera sistemática, año a año, desde comienzos del siglo XII, pero se han encontrado algunos informes ocasionales desde mucho antes, en Italia desde el año 400 a. C. —en tiempos de la antigua Roma— o en Gran Bretaña desde el 55 a. C. Los irlandeses, por ejemplo, tienen los *Anales de los cuatro maestros*, que documentan la historia de Irlanda desde la antigüedad hasta la Edad Media.

Miguel de Cervantes se refiere a los «anales de la Mancha» en el capítulo II del *Quijote*, cuando habla «de la primera salida que de su tierra hizo el ingenioso hidalgo don Quijote de la Mancha». Pero esos anales, como tal, solo existieron en la imaginación del Príncipe de los Ingenios y seguramente se trate de otra ironía o burla que hace Cervantes:

> Autores hay que dicen que la primera aventura que le avino [a don Quijote] fue la del puerto Lápice, otros dicen que la de los molinos de viento; pero lo que yo he podido averiguar en este caso, y lo que he hallado escrito en los anales de La Mancha, es que él anduvo todo aquel día, y al anochecer su rocín y él se hallaron cansados y muertos de hambre; y que mirando a todas partes por ver si descubriría algún castillo o alguna majada de pastores donde recogerse, y adonde pudiese remediar su mucha necesidad, vio no lejos del camino por donde iba una venta [...].

Y así comienza su aventura el protagonista del mejor libro de aventuras que conozco y que te animo a leer, si no lo has hecho, cuando termines la lectura de este que tienes entre manos. El *Quijote* proporciona además una visión rica y detallada de la vida y el paisaje de La Mancha en el siglo XVII y eso también sirve para los propósitos de los detectives, que comparan lo que ahí se cuenta con otros documentos históricos, como en este caso pueden ser los anales de la catedral de Toledo o el archivo de Ciudad Real, que esos sí que existen.

¡Ah!, y un espóiler: en el *Quijote* solo llueve una vez en todo el libro. ¿Te animas a descubrir en qué aventura sucede? Pero ahora volvamos al clima, amigo Sancho, que es la tarea que aquí nos ocupa.

Lo que nos cuenta el vino

Los reportes de las cosechas, como te dije antes, son una buena fuente de pistas para obtener esos datos de tiempos pasados en los que aún no había termómetros ni pluviómetros. Además de los anales tenemos, por ejemplo, los libros de cuentas donde todo quedaba registrado, precisamente, por la cuenta que les tenía.

De estos otros libros se encargaban los recaudadores de impuestos, que tenían que explicar al señor feudal por qué unos años podían recaudar más impuestos y otros menos. Si la cosecha había sido mala los campesinos tenían menos trigo para tributar... y eso había que justificarlo: mucho frío en invierno, demasiadas lluvias en verano, una helada tardía en primavera, una sequía prolongada....

Datos similares se obtienen también de los propios informes que realizaban las fincas y las granjas y, entre todos ellos, hay uno que se usa mucho: el de los resultados de las vendimias. Las uvas del viñedo son muy sensibles a las variaciones climáticas, lo que las convierte en excelentes indicadores de cambios en la temperatura y las precipitaciones.

Por un lado tenemos los registros históricos de la producción de vino, con las fechas de vendimia (cosecha de uvas) y los rendimientos de los viñedos. Estos datos pueden reflejar las condiciones climáticas de ese año en cuestión: si se empezaba a vendimiar pronto (cosecha temprana) es porque ese año había hecho bastante calor y, al revés, si la fecha de vendimia era muy tardía significa que el verano había sido demasiado fresco. Lo mismo ocurre con las cantidades recogidas, que también se podían ver afectadas por lluvias, pedrisco o inundaciones que mermasen la cosecha de algún año.

Algo que valoran mucho los climatólogos e historiadores —nuestros detectives— es poder contar con muchos datos del mismo sitio durante muchos años seguidos. Lo que se llaman «series temporales». Así pueden ver no solo la diferencia de un año a otro sino también descubrir si hay tendencias que se repiten cada cierto tiempo, como los ciclos de sequias. Es muy famosa la serie continua con las fechas de vendimias en Borgoña desde el siglo XIV —concretamente desde 1370— hasta la actualidad, con datos muy útiles que han servido para reconstruir las temperaturas de primavera y verano en Francia desde la Edad Media.

También tenemos algunas crónicas locales en las que se habla del vino, o los propios diarios de los viticultores, donde aluden con pesar a aquellos eventos meteorológicos (heladas, sequías, lluvias excesivas) que afectaban a sus viñedos.

Por último, en torno al vino hay también otro tipo de documentos muy reveladores, otra fuente de la que beben nuestros detectives, nunca mejor dicho: las notas de cata. El vino podría salir bueno o malo, mejor o peor, y eso influía en su precio y sus ganancias, algo que también era muy importante en la Edad Media. Un vino bueno, del gusto de la época, era el que había generado más azúcar en la fermentación de la uva, y esto era así porque había tenido altas temperaturas y muchas horas de radiación solar. Por el contrario, esas uvas que se vendimiaban más tarde por culpa de un verano frío y lluvioso deparaban vinos peores, con menos azúcar y menor grado alcohólico. Así que de todo eso también quedaba constancia en documentos que redactaban los bodegueros, o los propios monjes de los monasterios, que también le daban a la producción de mosto. Recientemente, un historiador de la Universidad de Berna ha publicado un trabajo sobre las catas de mosto en bodegas y monasterio de Alemania, Francia, Suiza y Luxemburgo que ha servido para completar los estudios del clima europeo de los siglos XV al XIX y saber más de esa Pequeña Edad de Hielo de la que hemos hablado, donde predominaban los años fríos, alternados con algunos de clima —y de vino— bueno.

Todo esto es lo que nos cuenta el vino. Datos que los detectives del clima rescatan de esos documentos y relacionan con los obtenidos por otras técnicas —los anillos de los árboles, los testigos de hielo, el análisis de los sedimentos— para validar una visión precisa, certera y rigurosa de cómo fueron las condiciones climáticas del pasado.

Y además...

¿Se te ocurre de dónde podrían obtener más pistas nuestros detectives? Si has leído atentamente esta segunda parte del libro ya sabrás algunas de ellas, como los datos de los niveles de los ríos y sus inundaciones, tan importantes en aquellos lugares donde se vivía muy cerca de uno o este era fundamental para su economía. Es el caso de los antiguos egipcios, como hemos contado ya. Ahí los historiadores tienen datos desde el año 3100 a. C., y desde el año 622 de nuestra era ya hay menciones escritas del nivel de otros ríos importantes de las que se pueden extraer datos sobre precipitación, evaporación o humedad del suelo de aquella época.

Otros documentos que suelen ser muy útiles son los archivos parroquiales, donde se recogen las rogativas, es decir, las oraciones o letanías que se encargaban para que lloviese o dejase de llover.

¿Se te ocurre alguno más? Pues te digo el último, que a lo mejor ya lo has pensado si te gusta la navegación o tienes algún familiar con un barco: los cuadernos de bitácora. Ese es el nombre con el que nos referimos a esos libros donde los marinos escribían lo que ocurría durante la navegación. Es lo que hoy en día se llama el diario de navegación, pero empezó llamándose así porque en los barcos más antiguos había una especie de mueble al lado del timón, llamado *bitácora*, donde se guardaba este cuaderno para que no se mojase. En ellos encontramos una buena referencia a los temporales y fuertes tormentas que se encontraban los marineros en su navegación y podemos tener pistas de los vientos que había, la frecuencia de la lluvia o las nevadas en algunas rutas, los temporales más bravos...

Finalmente, todas esas pistas de los documentos históricos se suelen cotejar con un sistema de validación para ver si coinciden o no. Se trata del análisis de los anillos de los árboles, del que ya hemos hablado en este libro en varias ocasiones. Pues bien, si nuestros detectives encuentran una pista —un dato histórico— en un archivo parroquial de mediados del siglo XV, por ejemplo, lo que tienen que ver es si concuerda con lo que dicen los anillos de los árboles en esa zona y en esas fechas.

Te habrás dado cuenta de que, en el fondo, todos aquellos que dependían del tiempo para su vida o su economía se encargaban de dejar un registro de cómo les afectaban los distintos cambios meteorológicos. Y todo eso es lo que nos sirve ahora de pista para que los investigadores, con sus deducciones, puedan reconstruir el tiempo y el clima de aquellos siglos.

Una nueva época

Y luego llegó el siglo XVII, que marcó un antes y un después en el conocimiento del clima. Fue el siglo de la invención de algunos de los instrumentos que registran las variables de la temperie, es decir, la presión, la temperatura, la lluvia o el viento... A partir de 1650 en ciertas partes de Europa ya se deja constancia de las observaciones del tiempo con barómetros, termómetros o pluviómetros. Son lo que llamamos «observaciones instrumentales» (con instrumentos) y marcan el inicio de una nueva época, para diferenciarla de aquella otra en que las averiguaciones del clima no se hacen con datos directos, sino con pistas.

Pero todavía habría que esperar algunos siglos más para cambiar de época. No es hasta mediados del siglo XIX (1850) cuando ya podemos decir que tenemos una cantidad apreciable de observatorios repartidos por todo el mundo desde donde se hacen las mediciones de manera sistemática y rigurosa, es decir, se recopila una buena cantidad de datos fiables. A partir de aquí ya sí que podemos decir que entramos en una nueva época: la época instrumental de la meteorología, el origen de que ahora te pueda contar el tiempo esa aplicación que consultas fácilmente en el móvil.

Los instrumentos del tiempo

Te podría decir, y creo que no me equivoco, que todo empezó con Galileo y con Torricelli. A principios del siglo XVII Galileo Galilei inventó el termómetro para registrar de forma fiable la temperatura, y en 1643 Evangelista Torricelli consiguió que se pudiera medir la presión atmosférica y puso las bases del barómetro. Y si conocemos la temperatura y la presión del aire ya sabemos mucho del tiempo que hace... y tenemos los ingredientes básicos para poder predecir el tiempo que hará. Ya te he dicho que el siglo XVII marcaba un antes y un después en esto del tiempo.

En realidad fue en 1592 cuando Galileo se puso manos a la obra con su invento y él no lo llamó termómetro, sino «termoscopio». Consistía en una esfera de vidrio unida a un tubo delgado y largo, abierto en el extremo inferior y sellado a la esfera, una especie de botella de vidrio con la cabeza más gorda que el cuerpo. Con la botella dada la vuelta, su boca se mete en un recipiente con agua. Si hacía frío, el agua subía por el tubo; si hacía calor, el agua bajaba. Ese es el termómetro de Galileo.

El principio físico que hay detrás del termoscopio de Galileo es el de la expansión y contracción del aire según los cambios de temperatura: al calentar la esfera, el aire de dentro se expandía, empujando el agua hacia abajo en el tubo; al enfriarse, el aire se contraía y entonces se producía un efecto de succión, como si chupara el agua del recipiente, y entonces el agua subía.

Más adelante se cambió el agua por alcohol, que reaccionaba mejor a los cambios de temperatura y subía o bajaba más rápido por el tubo. Si quieres construir uno de estos artilugios con tus propias manos solo tienes que buscar en internet «termómetro de Galileo» y ahí te salen varios tutoriales. Así podrás ver fácilmente cómo funciona. También verás que no tiene ninguna escala para ver los grados. Ese problema también se lo encontró Galileo y fue solucionado años más tarde. En 1611 el médico veneciano Santorius Santorio añadió una escala numérica para poder cuantificar la temperatura. A comienzos del siglo XVIII Daniel Gabriel Fahrenheit introdujo una nueva escala de medición, la famosa escala Fahrenheit de las F, y además sustituyó el alcohol por mercurio. También en el siglo XVIII, pero algo más tarde, el astrónomo y físico sueco Anders

Celsius desarrolló la escala Celsius, la de los grados centígrados, que tanto usamos hoy en día. Lo que ya no se usa en los termómetros, por cierto, es el mercurio.

Aunque menos conocido que Galileo, no menos importante para la meteorología fue Evangelista Torricelli, un físico italiano nacido en Faenza el 15 de octubre de 1608. Fue el primero en demostrar que el aire pesa, y que la presión que ejerce se puede medir. Puso las bases para la invención del barómetro y el estudio de la presión atmosférica que tan importante es para el tiempo, la aviación o la navegación.

Seguro que te suena el experimento que hizo Torricelli hace ya más de cuatrocientos años. Llenó con mercurio un tubo finito de un metro de largo cerrado por un extremo, con un dedo tapó el otro extremo, dio la vuelta al tubo y lo posó sobre una cubeta que también estaba llena de mercurio. El líquido, lógicamente, empezó a bajar del tubo hacia la cubeta, pero cuando llegó a los 76 centímetros... ¡se paró! Ya no bajó más, y en la parte superior del tubo se quedó una zona vacía. Siempre que lo repetía se paraba en esos 76 cm (o 760 mm). Esto sucede, razonó Torricelli, debido a la presión atmosférica que actúa sobre la superficie del mercurio en el recipiente. Él lo dijo así: .

> [...] yo proclamo que la fuerza que impide que el mercurio se caiga es externa y que esa fuerza proviene de fuera del tubo. Sobre la superficie del mercurio que permanece en la cubeta descansa el peso de una columna de cincuenta millas de aire [...].

Y es que, aunque no lo sintamos, el aire que nos rodea ejerce una presión. Y, en este caso, la presión del aire exterior empujaba el mercurio hacia arriba en el tubo hasta que equilibraba el peso de la columna de mercurio. Este experimento demostró que la presión atmosférica existía y podía medirse utilizando la altura de la columna de mercurio. De hecho, esos 760 mm es la medida estándar de la presión atmosférica a nivel del mar. Y es el principio por el que funciona el barómetro, el instrumento encargado de medir la presión del aire: cuanto mayor sea la presión del aire, más alta será la columna de mercurio, y viceversa.

A partir de ahí continuaron los científicos perfeccionando los instrumentos y fabricando otros destinados a comprender mejor el tiempo que tuvimos y predecir mejor el tiempo que vendrá.

En la actualidad la dificultad para nuestros detectives puede ser la contraria: el exceso de datos de todo tipo, una cantidad enorme de información para la que necesitan la ayuda de otras herramientas, como los superordenadores. Ahora en el equipo tenemos físicos y matemáticos que con sus respectivas ciencias intentan anticiparnos, cada vez con más éxito, el tiempo que hará en el futuro inmediato e incluso a más largo plazo. Una tarea muy complicada, pero increíblemente apasionante.

TERCERA PARTE

El tiempo que tenemos

1

NUESTRO ESCENARIO PRINCIPAL

Y LOS PISOS DE LA ATMÓSFERA

Volvemos a encontrarnos con esa vieja amiga de la que ya hemos hablado en este libro: la Atmósfera. Si tu profe de Lengua me ve escribir este nombre con mayúscula me quitaría un punto, pero es que yo le tengo mucho respeto. A la atmósfera, digo (y a tu profe también, claro). Ya sabemos que esa envoltura gaseosa que rodea la Tierra hace posible que exista la vida en nuestro planeta... y además permite que yo tenga trabajo. Gracias a la atmósfera podemos respirar y tomar el sol sin achicharrarnos, como ya contamos en el primer capítulo de este libro, pero también es el lugar donde se producen los fenómenos meteorológicos que dan lugar a los cambios en el tiempo de los que yo hablo a diario. Ahora, en esta tercera parte, ha llegado el momento de conocer algo más sobre este tiempo que tenemos, y para ello debemos empezar conociendo más a fondo nuestra atmósfera, el escenario donde se desarrolla esta función. Un escenario con distintos pisos, aunque te hago un espóiler: casi todo lo que ocurre en esta función pasa en el primero.

Los pisos de la atmósfera

La atmósfera es como un gran edificio con diferentes pisos, cada uno de diferente altura. Podemos hablar de cinco pisos o cinco capas de aire bien definidas: troposfera, estratosfera, mesosfera, termosfera y exosfera. La diferencia principal entre uno y otro es cómo se comporta la temperatura en cada uno de ellos, ya que va variando de manera distinta según la altitud.

La **troposfera** es la primera capa o el primer piso de nuestro edificio atmosférico. Es el aire que nos rodea: va desde la superficie hasta unos 8-15 km, aunque esto varía un poco según la zona de la Tierra, ya que es más alta en el ecuador y más baja en los polos. Pero lo principal que tienes que saber es en que en esta parte la temperatura va DISMINUYENDO según subimos en altitud. Al final de esta capa tenemos la *tropopausa*, donde la temperatura deja de descender.

A continuación empieza la **estratosfera**, el segundo piso de la atmósfera, donde la temperatura AUMENTA con la altitud, es decir, lo contrario de lo que ocurre en la troposfera. Por eso son capas diferentes. Este segundo piso va desde unos 15 km hasta unos 50 km y es donde se encuentra la capa de ozono, que absorbe y dispersa

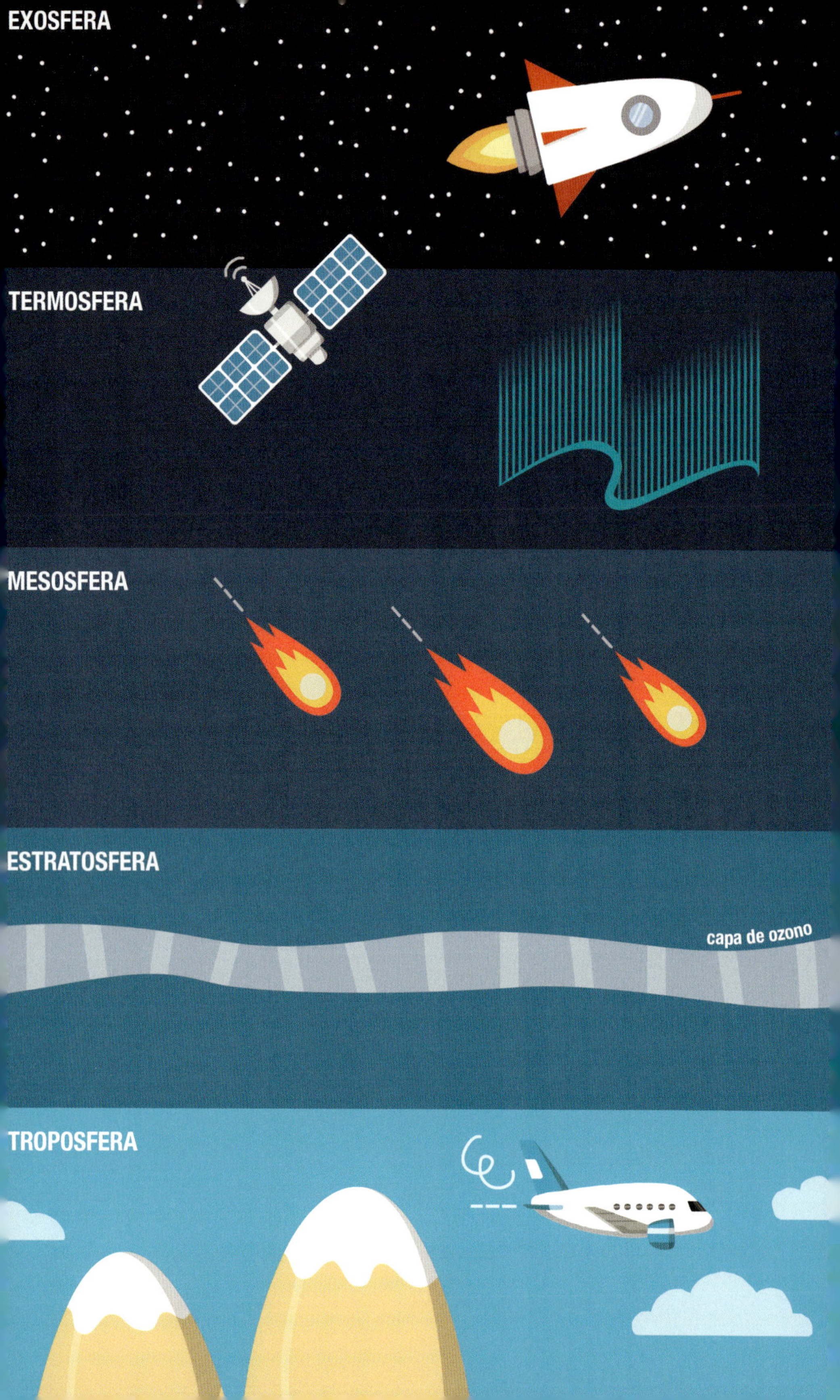
EXOSFERA
TERMOSFERA
MESOSFERA
ESTRATOSFERA
capa de ozono
TROPOSFERA

la radiación ultravioleta del sol, protegiendo la vida en la Tierra... y es la responsable de variar el comportamiento de la temperatura que hace que este sea un piso distinto, pero eso lo veremos después con más detalles.

Cuanto más arriba... menos aire

Tras la estratosfera viene la **mesosfera**, que llega hasta unos 85 km y es la capa de la atmósfera terrestre donde las temperaturas caen a los valores más bajos. De nuevo tenemos una temperatura que disminuye con la altitud, alcanzando esta vez temperaturas muy bajas, hasta aproximadamente -90 °C en su parte superior, llamada *mesopausa*. En esta zona es donde es donde se suelen desintegrar los meteoros que caen hacia la Tierra, con lo cual tiene también una importante función protectora.

Después viene la **termosfera**, que llega hasta unos 600 a 1000 kilómetros, y donde tenemos ya muy poquitas partículas, pero muy calientes, ya que absorben la radiación solar de alta energía y pueden llegar a unos 2500 °C de temperatura. Pero esto del calor es relativo: si tú estuvieras ahí arriba no sentirías el aire muy caliente porque, en realidad, ahí ya tenemos poco aire; es decir, es una atmósfera muy poco densa.

Y por último llegamos a la parte final, que es la **exosfera**. Puede llegar hasta aproximadamente 10.000 km o más y es donde la atmósfera terrestre gradualmente se mezcla con el vacío del espacio. Esto ya está muy lejos y, para las cosas del tiempo, apenas nos afecta.

La mayoría de los fenómenos meteorológicos se dan en la troposfera, el primer piso, donde tenemos el aire más cercano a nosotros y donde, además, hay más cantidad de aire; es decir, tenemos una atmósfera más densa y, por lo tanto, más átomos y moléculas que pueden interactuar entre sí.

Todo pasa en el primero

El 99 % de toda la masa de la atmósfera se localiza en los primeros 30 kilómetros y casi la mitad, en los primeros cinco. Es decir, entre la troposfera y la estratosfera se reparten «todo el pescado», y sobre todo la troposfera, el primer piso, que es donde suceden la mayoría de los fenómenos meteorológicos de los que hablamos en el tiempo. Esta capa o primer piso de nuestro edificio atmosférico llega hasta unos 12 kilómetros de altitud de media —hasta unos 15 km en el ecuador y solo hasta 8 km en los polos terrestres— y, si lo piensas, no es tanto. Cuando vayas por carretera en el coche con tus padres fíjate en un pueblo que esté a 12 o incluso a 15 kilómetros... ¡llegas enseguida! Pero ahora imagina esa distancia «hacia arriba», en vertical en lugar de en horizontal: ahí ya sí te va a parecer más lejos. De hecho, cuando viajas en avión, la parte central del vuelo la haces a esa altura, entre los 10 a 12 kilómetros de altitud (o entre unos 33.000 a 39.000 pies, como dicen ellos).

Nuestro escenario principal: la troposfera

En la troposfera se concentra casi toda el agua presente en la atmósfera y es donde se crean borrascas y anticiclones; donde ocurren las lluvias, tormentas y huracanes; donde nacen y crecen las nubes y se forma el arcoíris... Tiene sus propias reglas físicas que son las que, en el fondo, determinan el comportamiento de los fenómenos meteorológicos: las reglas de juego del tiempo. Una de

ella, como te decía antes, es que la temperatura del aire desciende con la altura. Cada 1000 metros, el aire se enfría de media 6,5 °C. Tú mismo lo habrás comprobado cuando subes a una montaña. Y seguro que no se te olvidará nunca si has estado en Canarias y se te ha ocurrido subir al Teide en chanclas y bañador, como estabas en la playa. Ahí arriba hace frío, amigo. Y si seguimos subiendo más allá de las montañas la temperatura será aún más baja. Esto también lo puedes comprobar cuando algún piloto enrollado, de esos que hablan por la megafonía del avión, dice la temperatura exterior cuando vuelas a esos 33.000 pies que mencionaba antes: a 10.000 metros perfectamente puedes tener 30 o incluso 50 grados… ¡bajo cero! Y si eres avispado quizá te preguntes: «Pero, si vamos subiendo tanto y acercándonos al sol, ¿por qué hace más frío en lugar de más calor?». Pues te contaré un secreto, amiguete: porque el sol no calienta el aire.

El sol no calienta

O para decirlo de una manera de una manera más exacta: el sol no calienta el aire *directamente*. Es cierto que la energía que nos calienta es la que procede del sol, por supuesto, pero lo que calienta el aire, en realidad, es la radiación que desprende la Tierra tras ser calentada por el sol. El aire tiene una propiedad que se llama «diatermancia» y que es la clave de todo, aunque no se mencione mucho: es la cualidad por la que el aire puede ser atravesado por los rayos solares sin calentarse.

Si no fuera así estaríamos perpetuamente asfixiados porque viviríamos en el fondo de una capa de aire que, cuando llegase a nosotros, estaría superrecalentado. Y ahora te puedes preguntar: «Pero ese calorazo que siento en verano, ¿no es del sol?». Sí, pero indirectamente. El sol emite radiación en forma de luz visible, radiación infrarroja y ultravioleta. La mayor parte de esta radiación pasa a través de la atmósfera y llega a la superficie terrestre. La Tierra absorbe una gran parte de esta radiación solar y, después de calentarse, emite energía en forma de radiación infrarroja hacia la atmósfera, calentando el aire. Es la radiación que desprende la Tierra después de ser calentada la que hace subir la temperatura y no los rayos del sol directamente, por eso la temperatura puede reducirse según aumente la altura. Sin embargo, esta regla no rige en toda la atmosfera. De hecho, en el segundo piso, la estratosfera, ocurre al contrario: la temperatura sube cuanta mayor es la altitud.

El segundo piso

La troposfera es la parte de la atmósfera donde sucede casi todo, pero no es la única. Si seguimos nuestro ascenso y nos vamos a unos 15.000 metros ya estaríamos entrando en la segunda capa: la estratosfera. Aquí la regla es la inversa que unos kilómetros más abajo, ¡la temperatura sube con la altura! Cuanto más alto ascendemos, más alta es la temperatura que marca el termómetro, y así ocurre hasta más o menos los 50.000 metros (50 kilómetros). Si un avión comercial pudiera viajar a esa altura —cosa que no sucede actualmente— ese comandante majete que se tira el rollo nos tendría que decir: «Señoras y señores, volamos a unos 50.000 metros sobre el nivel del mar. Actualmente tenemos en el exterior del avión una temperatura de 5 °C [...]».

Sí, ahora estaríamos a 5 °C positivos, cuando mucho más abajo estábamos a 50 °C bajo cero. Pero ¿no habíamos quedado que es la Tierra la que calienta el aire y no es sol, que el calor, por así decirlo, viene desde abajo? Y entonces, ¿por qué ahora sube la temperatura si estamos más lejos del suelo? ¿En qué quedamos?

¡¡¡ACLÁRATE, BRASERO!!!

Bueno, tranquilidad, amigos, que no hay ninguna contradicción. La respuesta la tienes en otro concepto que esta vez seguro que te resulta más familiar: la capa de ozono. En este segundo piso de la atmósfera está presente el ozono en una proporción mucho mayor que en el resto. El ozono es uno de esos gases cuya presencia sí varía de unas zonas a otras de la atmósfera, y de hecho aquí, en la estratosfera, se concentra casi la totalidad del ozono presente en nuestra atmósfera. Y resulta que el ozono... no es diatérmico; es decir, este gas sí se calienta cuando lo atraviesa la radiación solar, en concreto, la radiación ultravioleta. Esta propiedad del ozono es la que evita que esa radiación tan nociva para los seres vivos, sobre todo la UV-B, llegue hasta la superficie terrestre —habrás oído hablar de la importancia de preservar la capa de ozono: pues es por esto—. Pues bien, al absorber esta radiación, el ozono se descompone en oxígeno molecular (O_2) y oxígeno atómico (O), un proceso que libera energía y calienta la estratósfera. Por eso en la estratosfera la temperatura aumenta a medida que aumenta la altitud, y por eso es una capa distinta a la troposfera. Otro piso. Y el límite entre estos dos pisos también tiene un nombre que te va a interesar: la tropopausa.

¿Quieres ver la tropopausa?

La tropopausa tiene también su importancia para las cosas del tiempo y, aunque te parezca increíble, tú la puedes localizar a siempre vista. Ahora te explicaré como. En la tropopausa es donde empieza la inversión térmica, es decir, donde se acaba eso de que la temperatura disminuya con la altura y empieza a darse el fenómeno contrario. Por eso es una capa de transición entre un piso y otro. Actúa como una barrera para los fenómenos meteorológicos, ya que la mayor parte del vapor de agua y la mayoría de las nubes y precipitaciones que se generan quedan por debajo de ella. Como hay muy poco intercambio vertical de aire se dan condiciones propicias para la estabilidad y para que el aire circule horizontalmente y a gran velocidad, como ocurre con la corriente en chorro (*jet stream*) que los aviones aprovechan para ir más rápido.

Pues bien, y esto es lo curioso, esta «tapadera» invisible de la atmósfera puede verse, o al menos intuirse. Suele ocurrir sobre

todo algunas tardes a finales de primavera o inicios del otoño, en el momento previo a que descargue alguna fuerte tormenta que tan frecuentes son en esas fechas, cuando hay mucha energía en la atmosfera y crecen los grandes cumulonimbos, esas reinas de las nubes que conoceremos con más detalle en otro capítulo. En el interior de estas estructuras nubosas se dan fuertes corrientes de aire ascendente —por eso se llaman también nubes «de evolución» o «de desarrollo vertical»— hasta que llega un momento que dejan de crecer verticalmente y empiezan a desparramarse horizontalmente. Son esas nubes que acaban teniendo la forma de un yunque, una herramienta que se usaba antes y que tiene como una cabeza muy grande estirada por los lados sobre un cuerpo más pequeño.

Eso ocurre también con el humo dentro de una habitación: primero asciende verticalmente, pero al llegar al techo y no poder avanzar más se extiende horizontalmente hacia los lados. Pues bien, en la naturaleza este techo es la inversión térmica de la tropopausa. Así que, cuando ves que un cumulonimbo llega muy alto —a unos 12 kilómetros de altura— y su tope empieza a aplanarse y extenderse hacia los lados, como si de repente le pusieran una tapadera encima que le impide subir más, lo que estás viendo es a la tropopausa en acción.

Y ahora que ya conocemos el escenario donde se representa esta función del tiempo meteorológico y sus cambios, conozcamos a dos de sus protagonistas principales, los anticiclones y las borrascas, y otro principio fundamental sin el que nada de esto existiría: el aire pesa.

2

ANTICICLONES Y BORRASCAS: LOS PROTAGONISTAS DE ESTA HISTORIA

Contar el tiempo es muy divertido. Todos los días, o casi todos, pasan cosas nuevas. Pero a la vez siempre es lo mismo. Todos los cambios en el tiempo se deben básicamente al equilibrio entre las altas y las bajas presiones, a un juego entre los anticiclones y las borrascas. Si esto fuera una peli, ellos serían sin duda los protagonistas..., y si la atmósfera fuera la cocina de un restaurante, el aire sería su ingrediente principal.

El aire pesa

Hay cambios de tiempo porque cambian las condiciones del aire. Y cualquier cambio en alguna de sus propiedades (temperatura, por-

centaje de humedad, presión...) acaba afectando y cambiando las demás. Por eso es tan complicado predecir el tiempo: un pequeño cambio al principio puede ser un cambio radical al final del proceso. Facilita la cosa el hecho de conocer —y cada vez mejor— las reglas o principios físicos que propician esos cambios. Conocemos las reglas del juego. Una de ellas, y para mí fundamental, es la presión atmosférica. Podemos disfrutar de la lluvia, las tormentas, el arcoíris, la niebla, el viento, los tornados o los huracanes gracias a que el aire ejerce una presión, no solo sobre nuestras cabezas, sino hacia todos lados.

Te lo intento explicar. Piensa que estás en la playa o en una piscina y te metes en el agua. Cuanto más profundo quieres bucear, más te cuesta, ¿verdad? Eso es porque el agua pesa, y cuanto más abajo estás, más agua hay encima de ti y ejerce mayor presión. Pues con el aire pasa lo mismo: el aire ejerce presión sobre todo lo que está en la Tierra, ¡incluyéndonos a nosotros! Precisamente a eso se refería Evangelista Torricelli cuando dijo aquella famosa frase: «Vivimos en el fondo de un océano de aire».

La presión

Lo notemos o no, el aire pesa: ejerce una presión, y esta presión no es siempre la misma. Si estás a nivel del mar, la presión es mayor que en lo alto de una montaña, ya que es mayor y más densa la columna de aire que tienes encima. Y en los distintos niveles de la atmósfera pasa igual. El aire está formado por moléculas que, como todo en este planeta, están sometidas a la fuerza de la gravedad. Así, en la parte más cercana a la corteza terrestre, la atmósfera es más densa: tiene mayor número de moléculas al estar más pegada al suelo. A medida que nos alejamos es cada vez menos densa: el aire es más ligero o menos pesado, y debido a eso ejerce una presión menor.

Esto lo saben muy bien los montañeros o alpinistas, que suben a las cumbres más altas de nuestro planeta provistos de botellas de oxígeno para compensar el que les va faltando a medida que ascienden: aire hay, pero es más pobre, es decir, con menos moléculas de oxígeno que poder llevarse a los pulmones. Ya vimos antes que en la atmósfera la mayor parte de las cosas pasan en los primeros 30 kilómetros, donde tenemos el 99 % de toda la masa atmosférica. Y eso ocurre porque al tener aquí muchas moléculas y al estar cerca unas de otras, hay mayores posibilidades de que interactúen entre ellas y puedan dar lugar a cambios: cambios de temperatura, cambios de sólido a líquido... ¡Los cambios de tiempo!

MENOR PRESION
MAYOR PRESION

Anticiclones y borrascas

Ya sabemos que, uno, el aire ejerce una presión y, dos, que esa presión no es siempre la misma. Pues bien, ahora solo te falta saber los nombres que ponemos cuando la presión es alta y cuando la presión es baja: anticiclón y borrasca. ¿A que te suenan mucho? No me extraña, son los auténticos protagonistas de nuestra peli.

La presión media a nivel del mar es de 1013,25 milibares (mb), y esa cifra es la que se toma de referencia: cuando la presión está por encima hablamos de **altas presiones,** y en los mapas del tiempo se dibuja una A, que identificamos como Anticiclón. Si está por debajo de esos 1013 mb decimos que nos encontramos «bajo la influencia de **bajas presiones»,** y en los mapas se pone una B, que se identifica con Borrasca. Los ingleses en sus mapas ponen una H de *High* a las altas presiones y una L de *Low* a las bajas.

El **anticiclón** suele asociarse a tiempo seco y soleado. Aunque en invierno, cuando hace mucho frío a ras de suelo, el anticiclón genera nieblas que no levantan en todo el día y te encuentras con una jornada gris y gélida. Esa es la misma razón por la que suele aparecer lo que llamamos boina de contaminación: el anticiclón presiona el aire hacia abajo, que no se puede mover y se queda estancado con todo lo que contiene, y si lo que contiene son esas partículas contaminantes, pues ahí se quedan pegadas al suelo y formando esa espesa capa color marrón que a veces vemos en las grandes ciudades. Esto, ya digo, suele pasar en inverno. Pero lo más habitual es que asociemos el anticiclón con esos días de verano en los que tenemos cielos azules, despejados, donde no vemos ni una nube y por supuesto no puede llover. Eso pasa con las altas presiones.

Las **borrascas**, por el contrario, siempre están en movimiento: nacen, se desarrollan y mueren. Les gusta avanzar y recorrer gran-

des distancias. En ellas el viento gira hacia adentro, en el sentido contrario a las agujas del reloj en el hemisferio norte y en sentido opuesto en el hemisferio sur. Este movimiento se denomina ciclónico, y por lo tanto puedes decir sin equivocarte que una borrasca —o un centro de bajas presiones— es un ciclón. Lo que ocurre es que en la práctica —y sobre todo en la práctica periodística— el ciclón se identifica con fenómenos como huracanes o tifones, que son ciclones tropicales y de mayor envergadura que estos otros ciclones de latitudes medias, que son las borrascas (la latitud media es como se llama a esta parte del globo terráqueo donde, por ejemplo, se encuentra España).

La borrasca es la otra cara de la moneda en contraposición al anticiclón. En este caso, el aire al ascender se enfría, favoreciendo la formación de nubes que luego nos pueden dejar precipitaciones. Con las borrascas llegan las lluvias y nevadas y fuertes rachas de viento... Es lo que comúnmente se llama «mal tiempo», aunque ya te digo yo que si estamos pasando por un periodo de sequía, cuando aparece la borrasca ¡se la recibe con una fiesta!

Aquí hay mucho nivel

Muchas veces hablamos en los pronósticos del tiempo de «una entrada de aire frío en niveles altos» o de que «se ha desarrollado una borrasca en superficie». Ahí nos estamos refiriendo a los distintos niveles que hay en la atmósfera debido, precisamente, a su distinta presión atmosférica. Para hacer unos pronósticos más precisos del tiempo que podemos tener, los meteorólogos tienen que mirar qué ocurre en los distintos niveles de la atmósfera.

El primer nivel es el que llamamos de superficie, o Nivel de 1000 hectopascales, o hPa. Por encima tenemos el Nivel de 850 hPa, una altitud aproximada de 1500 metros sobre el nivel del mar, y es clave para analizar la temperatura y la humedad del aire sin que se vea afectado directamente por el relieve. Ahí es donde se ubican los anticiclones y las borrascas que suelen afectarnos. Y otro nivel interesante donde mirar es a unos 5500 de altitud, el Nivel de 500 hPa, donde pueden verse las danas que nos puedan afectar. Aquí se analiza la circulación atmosférica a gran escala y la predicción de grandes sistemas de bajas y altas presiones que tanto van a condicionar el tiempo (o por ejemplo las burbujas de aire frío que se quedan «colgadas», como pueden ser las danas, de las que hablaremos en el próximo capítulo). Y después tendríamos niveles más altos aún, en los que, como hemos dicho, la presión del aire es cada vez más baja.

Todo esto nos va a servir para algo fundamental: saber cómo se mueve el aire a gran escala y cómo se forman las zonas de alta y baja presión, los anticiclones y las borrascas, y otros cambios en la atmósfera que acabarán determinando el tiempo que tendremos.

Una cuestión de bares

Te habrás dado cuenta de que unas veces hablamos de hectopascales y otras de bares o de milibares. Hay bares de diversa índole donde se acude a charlar y a tomar unas tapas y otros más recientes que se escriben con V y que ayudan en el fútbol a tomar una decisión justa. Y es que la unidad que se utiliza para medir la presión ha ido cambiando con el tiempo. Al principio de todo se tomó como unidad de medida el milímetro de mercurio (mm) porque era con lo que Torricelli había hecho su experimento. Con el paso de los años se empezó a usar el milibar (mb) y después el pascal (Pa), en honor a otro genio de la física, el francés Pascal, que vino después de Torricelli. Ahora la unidad más común usada en meteorología es el hectopascal (hPa), que son 100 pascales y que equivalen a lo mismo que un milibar (mb). En el sector de la industria se suele utilizar el bar y, como habrás deducido, 1 bar equivale a 1000 hectopascales.

En definitiva, puedes decir que en condiciones normales la presión del aire a nivel del mar es de 760 mm de mercurio o 1,013 bares (bar) o 1013 milibares (mb) o 1013 hectopascales (HPa), y en todos los casos será correcto. ¡Ah!, por último: en los mapas del tiempo todos los puntos que tienen la misma presión se unen con una línea y esa línea se llama... isobara.

Y después de conocer la teoría, veamos algunos ejemplos prácticos de lo que supone encontrarse en el tiempo con bajas presiones...

3

CICLOGÉNESIS, DANAS

Y OTROS NOMBRES PARA SER GUAY

Quien crea que en el tiempo contamos siempre lo mismo está muy equivocado. Ahora, por ejemplo, hablamos de danas y de ciclogénesis explosivas y si recuperas una grabación de hace veinte años verás que nadie lo menciona. ¿Se trata de fenómenos nuevos o es «lo de siempre», pero con otro nombre? En este capítulo quiero que sepas mucho más de estos fenómenos que son muy importantes para la meteorología y ahora también se han extendido entre el público en general. Ya es hora de que sepas qué es una dana, por si se lo quieres contar a alguien que hable de ellas en el ascensor. Pero antes te voy a hablar de otro fenómeno del tiempo, cuyo nombre también asusta, pero que tienes que conocer más a fondo para poder tranquilizar a un familiar que a lo mejor llega alarmado porque ha escuchado que viene nada más y nada menos que una

¡CICLOGÉNESIS EXPLOSIVA! o «un no sé qué que va explotar que ha dicho el del tiempo»... Bueno, ¡tampoco es eso!

Una bomba en el tiempo

La meteorología es una ciencia que avanza, como ocurre con todas, y cada vez se sabe más sobre el comportamiento de la atmósfera y se pueden averiguar las causas de diversos fenómenos meteorológicos que ya habían ocurrido antes. Muchas veces se metían todos en el mismo saco y ahora, al conocer mejor sus orígenes y causas, sabemos que unos tienen unas características y otros tienen otras. Por eso son distintos y deben llevar distinto nombre. No es lo mismo una tormenta que una borrasca o que una dana, aunque los tres fenómenos dejen lluvias.

Un claro ejemplo es el concepto que habrás oído más de una vez en los últimos años: ciclogénesis explosiva. También hay quien, más aficionado al cine, habla de «la tormenta perfecta» recordando la película con ese título protagonizada por George Clooney. También algunos medios de comunicación, quizá para ser más guais —como decimos los que somos de la generación de Clooney—, recurren a otro término más llamativo: bomba meteorológica.

Klaus (enero de 2009) o Xyinthia (febrero de 2010) fueron ciclogénesis explosivas que recibieron ese apelativo de bombas meteorológicas —además de un nombre propio que ya explicaremos en el próximo capítulo—. También tuvimos una Petra, «la ciclogénesis explosiva que amenaza Galicia» (abril de 2012). La borrasca Petra, formada por ciclogénesis explosiva —así es como hay que decirlo si queremos hacerlo correctamente— cumplió sus previsiones y dejó en Galicia vientos huracanados, como la racha de 142 km/h registrada en Cedeira o los 123 km/h del viento en Burela, y olas de más seis metros, también previstas. Recuerdo bien aquella borrasca. Y también me acuerdo de la respuesta de un viejecito gallego al que le preguntaron los reporteros de televisión si había notado la llegada de la ciclogénesis: «Qué Petra, ni petras. Ha sido un temporal de los de toda la vida».

Entonces, ¿de qué estamos hablando? ¿Qué es eso del ciclón? ¿Y explota? ¿Esto es nuevo o es «lo de toda la vida» pero ahora con otro nombre? Pues precisamente en el nombre está la clave y es más fácil de lo que parece. Vayamos por partes.

Para empezar, la palabra *ciclogénesis* se refiere a la génesis o nacimiento del ciclón. Este último concepto no te tiene que asustar: un ciclón —como vimos en el capítulo anterior— es en realidad cualquier torbellino atmosférico que gira en sentido contrario a las agujas del reloj en el hemisferio norte, y en el sentido de las agujas del reloj en el sur. Una borrasca, cualquiera de ellas, es un ciclón, porque su movimiento es ciclónico. Y la manera en que se forman o nacen —es decir, la *genésis*— las borrascas —o *ciclones*— es lo que se llama *ciclogénesis*. Eso es lo que nos dice esta primera parte del término.

Vamos con la segunda: *explosiva*. No pienses que hablamos de una explosión, como esas con las que el Coyote intentaba cargarse al Correcaminos a base de dinamita marca ACME —en unos dibujos animados que también nos suenan mucho a los que decimos «guay»—. Aquí *explosiva* viene a significar algo como 'súbito, rápido'... Y es que hay algunas borrascas o ciclones que se forman súbitamente, más rápidamente de lo normal: nacen de una manera explosiva. Meteorológicamente se definen como aquellas que bajan o se profundizan de 18 a 20 hPa en 24 horas—en latitudes medias— o 24 hPa en 24 horas en latitudes altas. Pero tampoco hay una delimitación exacta. La manera de saber que está naciendo una borrasca es medir la bajada de la presión en su centro —por eso se dice que va «profundizándose»— y si esa caída es brusca, muy rápida, pues se dice que es «explosiva». Lo mismo que se dice, por ejemplo, de un atleta que corre los 100 metros y que tiene una salida «explosiva».

Pues ya tenemos el término formado: *ciclogénesis explosiva* es la manera que tiene de nacer una determinada borrasca. Y ahora hablemos de sus consecuencias porque, al nacer de una manera peculiar, las consecuencias que va a tener también serán distintas a la de una borrasca habitual.

La característica principal de este fenómeno es su corto ciclo vital: son borrascas o ciclones que nacen muy rápidamente, pero que también tardan poco en crecer y en desaparecer. Ello hace que toda la energía que han acumulado de una manera brusca —mucha profundización en poco tiempo— la liberen también de una manera brusca, y de ahí también le viene el calificativo de «bomba meteorológica». En la atmósfera, cualquier entrada o salida de energía se va traducir en un cambio de presión, y por lo tanto en un movimiento de las masas de aire, es decir, en generación de viento. Por eso estas borrascas más especiales que han nacido —o se han profundizado— de una manera más rápida también generan unos vientos más fuertes, al liberar súbitamente toda su energía. Su manera de generarse está relacionada con las consecuencias que produce: fuertes rachas de viento que pueden provocar daños en infraestructuras. En este caso, también tiene un resultado explosivo: la fuerza de las rachas de viento.

Una ciclogénesis explosiva que se formó en el Atlántico Norte en 1991 parece que fue la responsable del hundimiento del pesquero que relata la película *La tormenta perfecta* y por eso también se la suele llamar así. Y es que, además del daño que producen sus vientos, tiene el inconveniente de la rapidez con que aparece en el pronóstico esa borrasca que antes no estaba, y por lo tanto hay menos capacidad para reaccionar y evitar esos daños. De ahí lo de la tormenta perfecta: varias circunstancias se alinean en la misma dirección.

En definitiva, el resultado puede ser un temporal fuerte de los que hemos tenido muchas veces, pero ahora sabemos la causa que lo produce y que es distinta a otras y por eso lleva un nombre que la identifica. Yo, algunas veces, me he referido a este tipo de borrascas como «borrasca *sprint*», por su nacimiento y final tan súbito... Pero lo de bomba meteorológica parece tener más éxito en la prensa. Por lo que sea...

CICLOGÉNESIS = manera de nacer una borrasca

EXPLOSIVA= formación brusca, repentina

CICLOGÉNESIS EXPLOSIVA = borrasca que se ha formado brusca y/o repentinamente

Las danas entran en escena

Es —según mi humilde opinión y hasta el momento— el último concepto meteorológico que se ha popularizado entre el público general. Posiblemente nos habrás escuchado a los del tiempo decir que «se acerca una dana», pero también a muchos reporteros que se han desplazado hasta un pueblo que ha sufrido una riada y se refieren a «los daños que ha dejado la dana» o puede que hasta escuches a alguien en la cola del súper o en la panadería diciendo que «ojalá no le pille la dana».

La palabra *dana* es, en realidad, un acrónimo formado por la primera letra de cada uno de estos términos: **D**epresión **A**islada en **N**iveles **A**ltos. Eso significa DANA, y así es como se escribía al principio —en mayúsculas, como sucede con las siglas—, aunque ahora la RAE admite escribirlo en minúsculas. ¿Y de que se trata? Pues para comprenderlo te va a venir muy bien lo que hemos hablado en los dos capítulos anteriores. Pero en este caso, también, vayamos por partes.

Una «depresión» es como se llama en meteorología a una zona de bajas presiones, como puedes repasar yéndote al capítulo anterior. Y ya que estás mirando atrás, vete también al capítulo 1 de esta parte y refresca lo que dijimos de los distintos niveles de la atmósfera, eso de que en el aire hay distintos pisos y diferentes niveles. En este caso tenemos una zona de bajas presiones —de ahí la «D», de *depresión*—, con un aire más frío que el aire que le rodea y separada de la circulación general de las borrascas —de ahí la «A», de *aislada*—, situada por encima de los 5000 metros, en niveles altos de la atmósfera —de ahí la «N», de *niveles*, y la «A», de altos, que forman el final del nombre—.

DANA = **D**epresión **A**islada en **N**iveles **A**ltos

¿Y qué consecuencias tiene? Pues volvemos a estar delante de una borrasca distinta, una especie de borrasca especial cuya carga de aire frío en esa zona alta de la atmósfera va a contribuir a que el aire húmedo y caliente que ascienda hasta allí se pueda condensar en grandes volúmenes y, por lo tanto, que se generen abundantes y fuertes precipitaciones, en muchos casos lluvia torrencial y en otros también granizadas. Pero lo que las hace más peligrosas es que están aisladas, es decir, que se hayan descolgado del flujo o corriente habitual de las borrascas que circulan como por un camino que va de oeste a este. Las danas se salen de ese camino, y podríamos decir que van a su bola, lo que las hace más impredecibles. Es difícil averiguar con antelación dónde se pueden situar ahí arriba y, por lo tanto, dónde y cómo pueden acabar afectando aquí abajo. Por eso los pronósticos con una dana de por medio son más imprecisos. Además, como tienen un ciclo de vida propio, no es raro que puedan permanecer varios días en un mismo lugar (danas estacionarias) o que incluso vayan hacia atrás, en un movimiento contrario al de las borrascas habituales (danas retrógradas). Todo ello es lo que las hace especiales y, desde luego, más peligrosas.

¿Y no es esto lo mismo que antes llamábamos «gota fría»? En cierto modo sí, pero no del todo. Precisamente el término *dana* empezó a popularizarse desde el Instituto Nacional de Meteorología (lo que ahora es la AEMET) a finales del siglo XX con la intención de sustituir el uso excesivo de ese otro término que hasta entonces era el que estaba de moda, el de *gota fría,* que usaban sobre todo en el área de Levante para referirse a las lluvias torrenciales que producían numerosos daños. Cualquier episodio de lluvias intensas se denominaba gota fría, con independencia de que existiera o no una dana (o un embolsamiento de aire frío en altura). La intención era arrinconar el término *gota fría* y que se usase solo en el ámbito social, mientras que proponían el de *dana* para utilizarse en el ámbito meteorológico con el propósito de ser más correctos y precisos. Lo que ha ocurrido, en mi opinión, es que ahora ese término ha trascendido a la sociedad y la gente asocia *dana* con borrascas que dejan lluvias muy fuertes y causan daños graves, cuando no todas las veces ocurre así.

Por último, te voy a contar, como curiosidad, de dónde viene el nombre. Y es que este nombre, este acrónimo, fue elegido así para hacer un homenaje a un meteorólogo muy prestigioso que fue jefe de Predicción del Instituto Nacional de Meteorología desde 1979 hasta su fallecimiento en 1984 y que se llamaba Francisco García Dana. Así que lo de DANA es un acrónimo, efectivamente, que significa lo que hemos dicho antes (Depresión Aislada en Niveles Altos), pero se eligieron esos términos —y no otros— para que sus letras acabaran formando el apellido de Paco García Dana, y así rendir tributo al que fue compañero de quienes eligieron ese nombre que ahora, cada vez más, está en boca de todos.

4

¿UNA BORRASCA LLEVA TU NOMBRE?

Otra de las cosas que ocurren ahora en el tiempo, y que no pasaban en el tiempo de tus padres, es que las borrascas tienen nombre. Un nombre oficial, con su método y su explicación, como ocurre con los huracanes: no vale cualquier nombre que se le puede ocurrir a alguien. ¿Quién los elige? ¿Es una moda o tiene otra explicación? Pues en este capítulo vas a saberlo todo... por si se lo quieres contar a tus padres.

¿Por qué ahora las borrascas llevan nombre?

Hay que decir primero que no todas tiene nombre, solo las que se consideran más fuertes y pueden causar más daño, como aclararemos enseguida. Pero la respuesta para esta pregunta es muy simple, aunque encierra todo un argumento: ahora tienen nombre porque antes no lo tenían.

Así como los huracanes tiene un nombre oficial desde hace casi un siglo —también hablaremos de ellos en otro capítulo más adelante— los temporales que azotaban nuestro país y los de nuestros vecinos carecían de él. Sin embargo, en algunas ocasiones aparecía en los periódicos un nombre asociado a un temporal

o una intensa borrasca que solía causar destrozos. Así ocurrió con el famoso temporal Klaus, en 2009, o con la borrasca Xynthia de 2010, en ambos casos ciclogénesis explosivas —como hemos explicado en el capítulo anterior— que produjeron víctimas mortales y grandes pérdidas económicas en España, Francia y otros países europeos. Estos nombres salieron de un listado que cada año, desde 1954, elabora por su cuenta y riesgo la Universidad Libre de Berlín y con el que esta institución bautizaba las borrascas y los anticiclones que iban surgiendo. Si tú querías poner el nombre de tu novia o de un familiar a un fenómeno meteorológico, contactabas con esta universidad y, por un módico precio, lo incluían en la lista. Esto que al principio era casi anecdótico, y una vía de financiación de su departamento de Climatología, acabó convirtiéndose en un lío cuando trascendió al público general y a determinada prensa en particular. Unas borrascas llevaban nombre y otras no, y podía ser cualquier nombre, sin ningún criterio en particular, simplemente por el hecho de que estuviera en la lista porque alguien lo había «comprado».

Hasta que llegó un momento en que los servicios meteorológicos de España, Francia y Portugal decidieron tomar cartas en el asunto: «Si a nosotros nos afectan estas borrascas, ¡también nosotros tendremos algo que decir sobre sus nombres!». Y así fue como la AEMET, Météo-France y el IPMA portugués establecieron un listado de nombres propio y consensuado a partir de la temporada 2017-2018.

La diferencia fundamental con lo anterior, aparte de los criterios que se usan, radica en que la Universidad de Berlín pone nombre a todas las borrascas, mientras que este sistema de los servicios meteorológicos pretende dar nombre solo a las borrascas que potencialmente puedan producir un gran impacto en bienes y personas. Este es el argumento principal para que, a partir de ahora, las borrascas —o mejor dicho, algunas borrascas— hayan empezado a tener nombre. La idea es que, al poner nombre a las que puedan hacer más daño, están enviando el mensaje de que tienes que tener más cuidado con ellas, de que esa es una borrasca algo más especial que las habituales y, sobre todo, que puede tener consecuencias peores que las que no llevan nombre.

Las encuestas que se hicieron en el Reino Unido e Irlanda, donde empezaron a implementar este sistema en 2015 (dos años antes), concluyeron que la población estaba más atenta a los avisos de fenómenos meteorológicos adversos y a las recomendaciones de seguridad cuando la amenaza de viento fuerte estaba claramente identificada y asociada al nombre de la borrasca, según cuentan desde la AEMET. Algo así como: «Si tiene nombre, prepárate bien, que puede ser más dañina».

¿Cuáles son las borrascas que se nombran?

Las borrascas a las que se pone nombre se denominan «de gran impacto». Son, como ya hemos visto, las que dan lugar a temporales de viento, olas, lluvias o nevadas y —sobre todo— suelen producir vientos fuertes o muy fuertes, que serán más intensos cuanto menor sea el mínimo de presión en el centro de la borrasca. Por tanto, las borrascas con derecho a tener nombre son aquellas en las que baje

la presión de tal manera que puedan producir un gran impacto en bienes y personas, sin que sea necesario que lleguen a ser ciclogénesis explosivas.

El motivo principal que da lugar a que se bautice una borrasca tiene que ver con los avisos por viento, sobre todo si se trata de avisos naranjas o rojos, que en el caso de España se emiten cuando se trata de rachas máximas superiores a 90, 100 y 110 km/h dependiendo de las zonas. Pero luego también se puede poner nombre a la borrasca si hay solo avisos amarillos por viento (rachas máximas superiores a 70, 80 y 90 km/h, dependiendo de las zonas), pero además tienes también avisos de nivel naranja o rojo por precipitaciones. En resumen, una borrasca de gran impacto es lo que indica el término: aquella que pueda impactar con gran fuerza y causar importantes daños. Así que, además de los avisos, mejor es que tenga nombre para estar más prevenidos.

¿Quién pone esos nombres?

El listado de las borrascas que nos pueden afectar lo elaboran miembros de la AEMET (España), conjuntamente con sus colegas de Météo-France (Francia), IPMA (Portugal), RMI (Bélgica) y MeteoLux (Luxemburgo), que son los países que pertenecen al denominado Grupo Suroeste.

Cada país europeo pertenece a un grupo determinado para las cuestiones meteorológicas y la vigilancia del tiempo. Tenemos el Grupo Oeste (Reino Unido, Irlanda y Países Bajos), el Grupo del Norte (Noruega, Suecia y Dinamarca), el Grupo Central (Alemania, Austria, Suiza, Polonia, República Checa, Eslovaquia y Hungría), el Grupo del Mediterráneo Central (Italia, Eslovenia, Croacia, Macedonia del norte, Montenegro y Malta), el Grupo del Mediterráneo

Oriental (Grecia, Chipre e Israel) y el Grupo Suroeste (España, Francia, Portugal, Bélgica y Luxemburgo).

Este Grupo Suroeste, al que pertenece España, se encarga de poner nombre a las borrascas atlánticas y a las del Mediterráneo occidental (las que afecten de Córcega hacia el oeste). Hay excepciones. Si la borrasca ya viene con nombre mantendrá ese nombre, como puede pasar, por ejemplo, con una potente borrasca que haya afectado al Reino Unido y haya sido ya bautizada por la Met-Office, a partir de su propio listado de nombres, y que luego se descuelgue por el Canal del Mancha y pueda dejarse sentir en Galicia o el Cantábrico. Pues a esa la llamaremos como ya la habían llamado ellos. O también puede suceder que por el Atlántico entre una borrasca que haya sido antes una tormenta tropical, o incluso un huracán, y que ahora se ha convertido en un ciclón postropical. Pues bien, la borrasca en cuestión tendría el mismo nombre que le hubiera puesto el Centro Nacional de Huracanes (NHC) de Miami, pero añadiéndole el prefijo *ex-*.

¿Qué criterio siguen los nombres?

El criterio principal es seguir el orden alfabético en cuanto a las iniciales, lo que puede dar una idea fácil de cuántas borrascas nombradas llevamos en una temporada. Otro criterio fundamental es que se alternen los nombres masculinos y femeninos y que sean fáciles de pronunciar, comprensibles, que no tengan doble sentido o puedan conducir a dudas. Se empieza por la A y se termina en la W, y además de las letras X, Y y Z se excluyen también las letras Q y U. Tampoco puede haber una borrasca que empiece por Ñ...

El primer servicio meteorológico que prevea emitir avisos de nivel naranja o rojo será el que dará nombre a la borrasca, siguiendo la lista preestablecida en el Grupo Suroeste, e informará al resto de los países de este grupo y al resto de los grupos de nombramiento. Y, por último, una vez bautizada, la borrasca mantendrá el mismo nombre a lo largo de todo su ciclo de vida.

El listado de nombres para la temporada 2024-2025 es el siguiente:

Aitor, Berenice, Caetano, Dorothea, Enol, Floriane, Garoe, Herminia, Ivo, Jana, Konrad, Laurence, Martinho, Nuria, Olivier, Pauline, Rudiger, Salma, Timothee, Vanda y *Wolfgang.*

Cuando empiece a formarse la borrasca de gran impacto con derecho a nombre, se le asignará el que le toque por orden de este listado. Normalmente no se llega hasta el final y hay unos años en los que hay más borrascas —y se avanza más en lista— y otros menos. La temporada 2021-2022 fue relativamente tranquila; sin embargo, en la de 2023-2024 casi agotamos la lista.

¿Tengo nombre de borrasca?

Ya ves que este procedimiento de nombrar las borrascas es relativamente reciente y que tiene unas motivaciones y unos criterios concretos. El fundamental es destacar algunas borrascas sobre otras y prevenir mejor los posibles daños que pudiera causar. Y además de todo esto, ¿no sientes curiosidad por saber si alguna borrasca ha llevado tu nombre? Pues aquí tienes todas las borrascas que han recibido nombre desde que empezó a usarse este sistema... ¡a ver si alguna se llama como tú!

Temporada 2017-2018: *Ana, Bruno, Carmen, David, Emma, Felix, Gisele, Hugo* e *Irene.*

Temporada 2018-2019: *Adrian, Beatriz, Carlos, Diana, Etienne, Flora, Gabriel, Helena, Isaias, Julia, Kyllian, Laura* y *Miguel.*

Temporada 2019-2020: *Amelie, Bernardo, Cecilia, Daniel, Elsa, Fabien, Gloria, Herve, Ines, Jorge, Karine, Leon, Myriam, Norberto* y *Odette.*

Temporada 2020-2021: *Alex, Barbara, Clement, Dora, Ernest, Filomena, Gaetan, Hortense, Ignacio, Justine, Karim* y *Lola.*

Temporada 2021-2022: *Aurore, Blas, Celia, Diego* y *Evelyn.*

Temporada 2022-2023: *Armand, Béatrice, Claudio, Denise, Efraín, Fien, Gérard, Hannelore, Isaack, Juliette, Kamiel, Larisa, Mathis, Noa, Oscar* y *Patricia.*

Temporada 2023-2024: *Aline, Bernard, Celine, Domingos, Elisa, Frederico, Geraldine, Hipolito, Irene, Juan, Karlotta, Louis, Monica, Nelson, Olivia, Pierrick* y *Renata.*

5

LA CABEZA EN LAS NUBES

¿Alguna vez te han dicho que tienes «la cabeza en las nubes»? A mí, de pequeño, me lo decían muchas veces cuando me veían distraído, o pensando en cosas que no eran las que estaban diciendo en clase en ese momento. La cabeza en las nubes. Ahora también me lo dicen, pero tengo justificación: estar pendiente de las nubes es parte de mi trabajo. Una parte muy importante, de hecho, y, sinceramente, de las más bonitas que tiene esta profesión: observar las múltiples, variadas y diferentes nubes, que nunca son del todo iguales. Cada una de ellas nos dice algo del tiempo que hace y del que va a hacer, y nos entretienen durante un vuelo en avión cuando tienes la suerte de volar entre ellas... ¡y que te haya tocado en la ventanilla! Aquí vas a conocer cómo se forman, cómo las clasificamos y qué podemos aprender de ellas cuando aparecen en el cielo.

Agua condensada

Hay quien dice que las nubes son vapor de agua, pero está equivocado: el vapor es un gas y no se ve. Si lo vemos es porque ese vapor se ha condensado, y eso es la nube: un conjunto visible de pequeñas gotitas de agua, o de cristalitos de hielo, que se mantienen agrupadas y en suspensión en la atmósfera. Dependiendo de la altura a la que se encuentre las llamamos de distinto modo. A veces no hace falta que estén ahí arriba: la niebla, en realidad, son nubes pegadas a la superficie.

El vapor de agua —agua en estado gaseoso— siempre está presente en la atmósfera, solo que en mayor o menor porcentaje: entre un 0,2 % y hasta aproximadamente el 4 % del volumen total. Aunque parezca una cantidad pequeña tiene un papel muy importante para el tiempo y el clima en general: interviene en la regulación de las temperaturas y permite la formación de nubes.

La aparición de la nube en el cielo es el resultado de la condensación del agua que está presente en el aire en forma de vapor. Seguro que esto te suena mucho porque habrás estudiado el famoso ciclo del agua y hasta te lo sabrás de memoria: el agua se evapora, se condensa, precipita... y se vuelve a evaporar, se condensa, precipita... y así en un ciclo sin fin. Pues bien, esto de las nubes y la condensación sería la parte intermedia del ciclo. Cuando una gota de lluvia cae sobre tu cabeza puedes pensar que esa agua que te moja —si no te has puesto la capucha ni llevas paraguas— hace tan solo unos meses estaba en el mar. Y en medio de ese viaje entre el océano y tu cabeza, pasó por una nube.

El viaje de una gota

Lo primero que necesita una gota de agua para iniciar este largo trayecto es dejar de ser gota líquida de agua para pasar a ser molécula de vapor de agua, ya que en forma de gas es como mejor se viaja por la atmósfera, queridos amigos. Esto es la evaporación, nuestro primer paso del ciclo sin fin, y sucede cuando se aporta la energía necesaria para romper esa especie de «cables» que mantienen unidas las distintas moléculas del agua.

El agua es H_2O, como bien sabemos, y sigue siendo H_2O en sus diferentes estados. Ya sea formando parte del hielo del Polo Norte, como una gota del agua que lleva el río Tajo o como vapor en la atmósfera, el agua sigue siendo agua. Dos átomos de hidrógeno y uno de oxígeno: eso no cambia. Lo que cambia son los enlaces de hidrógeno que sirven para unir las distintas moléculas de agua. Son enlaces débiles que se unen o se rompen cuando el agua cambia de estado.

En el agua líquida, las moléculas están unidas temporalmente por enlaces de hidrógeno, permitiendo que se muevan entre sí. En el hielo, estas uniones son más estables y forman una estructura rígida. En el vapor, las moléculas tienen tanta energía que los enlaces de hidrógeno se rompen completamente, permitiendo que las moléculas se separen. Tienes agua, pero en distintos estados: líquido, sólido o vapor.

Te pongo un ejemplo para comprenderlo mejor. El agua en estado sólido, es decir, el hielo, tiene una estructura cristalina estable compuesta por muchas moléculas de agua fuertemente cohesionadas gracias a los enlaces de hidrógeno. Si las tuvieras que dibujar serían un montón de moléculas agarradas fuertemente unas a otras y perfectamente ordenadas. Muy sólidas ellas. Ahora bien, si colocas unos cubitos de hielo en un vaso y lo pones al sol, ¿qué ocurre? Se derriten, ¿verdad? Esto sucede porque el calor aporta energía a las moléculas de agua, haciendo que se muevan más rápidamente. A medida que aumenta el movimiento molecular, las moléculas comienzan a desordenarse y esos enlaces de hidrógeno que las mantenían tan unidas empiezan a debilitarse: el abrazo ya no es tan fuerte. Y, por tanto, la estructura ya no es tan rígida: ahora tenemos agua en estado líquido. Si seguimos calentando (y acelerando aún más el movimiento de las moléculas), esos enlaces de hidrógeno acaban rompiéndose por completo. Las moléculas se separan y se dispersan en el aire en forma de gas: vapor de agua.

Esto último es la evaporación. Y no solo es un concepto teórico: tú puedes ver la evaporación en acción en la cocina de tu casa. Solo tienes que pedir a tu madre o a tu padre que pongan una olla con agua para hacer unos huevos cocidos. Al rato de tener el recipiente al fuego —o en la vitro— podrás comprobar que hay menos agua en la cacerola y un vaho o nubecilla alrededor de ella o subiendo hacia la campana extractora. Pero ¿a dónde ha ido ese volumen de agua que ya no está en la olla? Pues se ha convertido en vapor y se ha integrado en el aire de la cocina, que antes era un aire muy seco y partir de ahora es algo más húmedo al haber asimilado parte del agua de la olla en forma de vapor.

Y ahora viene la clave de todo: el aire no puede contener vapor de agua indefinidamente. Llega un momento en que se satura, es decir, alcanza su límite y ya no puede retener más humedad. Cuando el aire llega a su capacidad máxima de vapor de agua para una determinada temperatura, se dice que está «saturado». Si el aire sigue enfriándose o se agrega más vapor de agua, este exceso de humedad se condensa y forma gotas de agua, lo que provoca fenómenos como las nubes, la niebla o el rocío en las plantas... ¡y también ese vaho de gotitas que aparece en el espejo cuando sales de la ducha! Si te fijas bien, se trata de eso, de pequeñísimas gotitas: las que hay sobre la hoja de un geranio, en el cristal de tu baño...y, sí, también son pequeñas gotitas las que forman las nubes que ves ahí arriba.

¿Cómo nace una nube?

Las nubes nacen cuando el aire caliente con vapor de agua sube, se enfría y ese vapor se transforma en pequeñas gotas de agua que se juntan. Ocurre lo mismo en tu ducha: el aire caliente cargado de vapor se encuentra con el espejo, que está más frío, y se condensa (y así puedes dibujar un corazón en el espejo, o poner «Mamá, te quiero»).

Esto ocurre cuando el aire ya no puede contener más vapor de agua y este se transforma en gotitas al condensarse. Eso de que «ya no puede contener más vapor» es una de las claves del asunto y es lo que llamamos «saturación del aire». Piensa en el aire como si fuera una esponja. Cuando pones una esponja seca en el agua puede absorber bastante agua, ¿verdad? Pero llega un momento en que la esponja ya no es capaz de retener más, y entonces empieza a gotear. Tiene que soltar lo que le sobra. Pues con el aire es parecido: el aire puede absorber vapor de agua, pero solo hasta cierto punto. Si se pasa, lo tiene que soltar. Una forma de que se pase es que siga entrando más vapor... y otra es que se enfríe. Si el aire saturado se enfría, el vapor empezará a transformarse en gotitas de aguas para formar la nube.

Y ¿qué hace que se enfríe el aire? Esta es la otra clave para comprender del todo el proceso físico de la formación de nubes, pero lo vas a entender enseguida si recuerdas lo que lo que nos contó Evangelista Torricelli sobre la presión y lo que vimos en un

capítulo anterior sobre los pisos de la atmósfera. Sabemos que cuanto más subes en la atmósfera, la presión es menor. Y sabemos que los gases —y el vapor de agua es un gas— se expanden cuando hay menos presión. Al expandirse, las moléculas se alejan unas de otras, chocan menos entre sí y pierden energía, es decir... ¡se enfrían!

Pues ahí lo tienes: cuando el aire asciende, se expande y enfría, al enfriarse se satura y ese vapor que ya no puede contener se condensa... transformándose en las gotitas de agua que van a formar las nubes. ¡CHIN!

¡Un momento! Nos falta un elemento imprescindible, un último paso para que pueda surgir la nube: que esa humedad que le sobra al aire encuentre algo donde «agarrarse» o posarse (como lo que ocurre en el baño con la superficie del cristal o el espejo).

En la atmósfera no hay espejos ni mamparas (ni gafas, que a veces se empañan también, ¿verdad?) pero existen pequeñas partículas que aunque sean microscópicas también son superficies y pueden cumplir esa misión: son partículas de polvo mineral, restos ínfimos de los incendios o de la quema de combustibles fósiles; pueden ser incluso pequeños granitos de sal que flotan en el aire sobre el mar, etc., etc., los hay de muchos tipo y se llaman núcleos de condensación: alrededor de ellos se posa la humedad para retornar a su estado líquido. Y así es como tenemos una gota de agua en suspensión, y no tenemos una, sino muchas, miles, millones... ¡así nace una nube! Ahora sí: ¡CHIN PUN!

¿De qué depende que haya nubes?

Ya hemos descubierto el secreto de las nubes: se forman por la condensación del vapor de agua del aire sobre un núcleo de condensación. Las nubes, por tanto, no son vapor de agua, como a veces se dice, como tampoco lo es el vaho que nos sale por la boca en invierno o el que flota sobre la cacerola de agua hirviendo. Recuerda esto: si lo ves, no puede ser vapor.

Pero ¿por qué no está todo el cielo lleno de nubes? o ¿por qué una nube aparece de repente? Aquí has de recordar lo dicho anteriormente: el aire, para que pierda la humedad y pueda enfriarse, tiene que ascender. Allí donde hay ascenso hay posibilidad de que se formen nubes. Y esto puede ocurrir, más o menos, de cuatro maneras diferentes, que son las cuatro formas en las que pueden nacer o formarse las nubes.

La primera es por el relieve. Al verse obligado remontar una montaña, el aire se enfría, del mismo modo que cuando baja por el otro lado se calienta (es lo que se llama «efecto foehn»). Esta condensación orográfica es la responsable de muchas nubes ais-

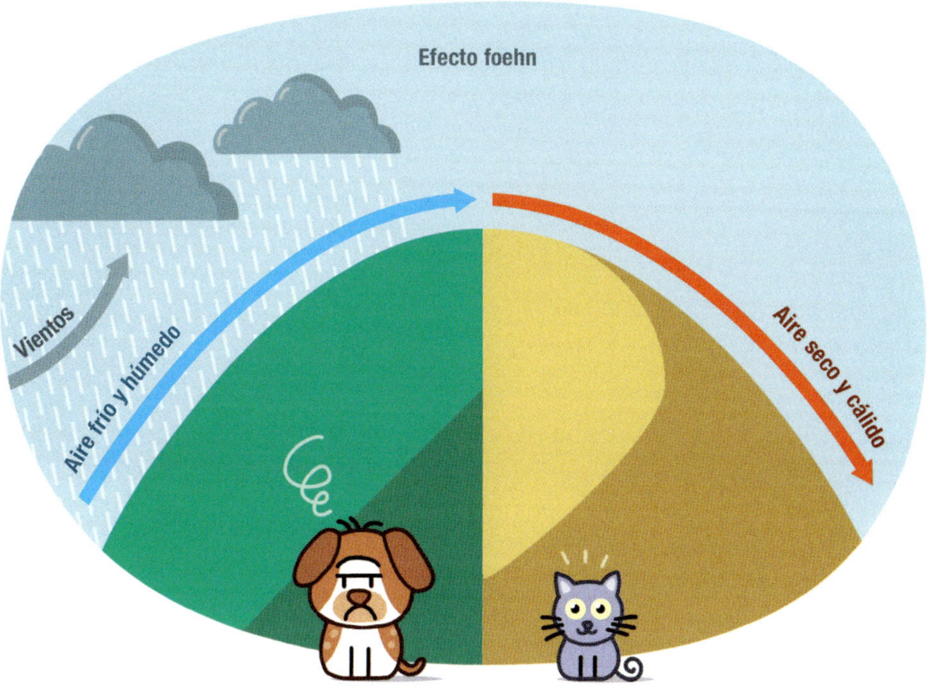

ladas y muy bellas que vemos en ocasiones en las cumbres de las montañas.

La segunda es muy frecuente, y es de la que estamos hablando casi a diario en los espacios del tiempo: los frentes. Un frente es el choque entre dos masas de aire de distinta temperatura. En los frentes siempre es el aire frío polar el que se mete por debajo del cálido tropical y, haciendo como cuña o palanca, le obliga a ascender; es así como van surgiendo nubes que avanzan con el frente.

Tenemos otro ascenso de aire en las borrascas. En los centros de bajas presiones el aire converge horizontalmente y se escapa hacia arriba, ascendiendo. Con las altas presiones es al revés, el aire empuja hacia abajo: por eso con las borrascas tenemos nubes y con el anticiclón no.

Y en cuarto y último lugar, por contacto con una superficie muy cálida. Es lo que ocurre a veces en los días más calurosos del verano donde el suelo está a una alta temperatura y el aire que entra en contacto con ese suelo se calienta y asciende. Si al subir se encuentra con bajas presiones... pues ahí tienes la nube.

Ya una vez formada la nube ya puedes tener después la lluvia. O no. Ese es el tercer paso de nuestro ciclo: la precipitación. Y también tendremos que conocer cuáles son los requisitos necesarios para esta acabe produciéndose. Pero no nos precipitemos —nunca mejor dicho—, que todavía nos queda mucho por aprender de las nubes. Por ejemplo, sus nombres.

Las nubes tienen sus nombres

Nubes ha habido siempre, pero hasta el año 1802 no se les puso nombre. A un científico inglés llamado Luke Howard se le ocurrió usar el mismo método que el que había intentado un colega suyo sueco, Carlos Linneo, para describir los géneros y especies de las plantas. Y al igual que hizo Linneo en botánica, Howard usó el latín para la meteorología: por eso hablamos de cirros, cúmulos o cumulonimbos.

La Organización Meteorológica Mundial es la encargada de establecer los criterios para clasificar las nubes en una guía llamada *Atlas Internacional de Nubes*, que se empezó a publicar en el año 1956 siguiendo las premisas originales de Howard y que se actualiza periódicamente. Su última edición es del año 2017.

Las nubes se clasifican según su altura, su forma y otras características. Según la altura a la que se sitúe la base de la nube, podemos tener nubes bajas, nubes medias y nubes altas, más una cuarta categoría que son las nubes de desarrollo vertical

DE DESARROLLO VERTICAL
cirros
cirrocúmulos
cumulonimbos
cirrostratos
altocúmulos
nimbostratos
altostratos
cúmulos
estratocúmulos
estratos

(aquellas que crecen desde cerca del suelo hasta alcanzar grandes alturas).

En esta zona del mundo donde se encuentra España y que llamamos «latitudes medias», las **nubes bajas** son las que no pasan de los 2 kilómetros de altura; las **nubes medias** se sitúan entre los 2 y los 6 kilómetros y las **nubes altas** son las que se localizan a partir de los 6 kilómetros. Las **nubes de desarrollo vertical** se extienden verticalmente y pueden llegar hasta la tropopausa.

Entre las nubes bajas tenemos los **cúmulos** (las nubes sueltas más comunes, esa que vas a dibujar si te pido que dibujes una, como las que salen al inicio de *Los Simpson*), los **estratos** (que son nubes estiradas como si fueran un manto o una capa muchas veces de color gris y que dejan lloviznas) y los **estratocúmulos** (que también son como una capa de nubes pero algo más gordita, las que forman lo que llamamos el mar de nubes que a veces vemos en los valles de las montañas o en Canarias).

Las nubes medias son los **nimbostratos** (esas nubes oscuras que dejan lluvias, las que vemos en esos días grises en los que llueve todo el rato), los **altocúmulos** (como cúmulos pero que se encuentran más arriba en la atmósfera y suelen ir agrupados) y los **altostratos** (nubes muy estiradas que suelen indicar cambios de tiempo).

Las nubes altas están compuestas por cristalitos de hielo en lugar de gotas de agua, y entre ellas tenemos los **cirros** (nubes sueltas muy finitas, como plumas o filamentos blancos), los **cirrostratos** (casi como una gasa en el cielo, un velo blanquecino casi trasparente) y los **cirrocúmulos** (que en realidad son nubes agrupadas que adoptan muy diversas formas y que a veces se confunden con los altocúmulos).

Y para acabar tienes la nube de desarrollo vertical, el **cumulonimbo**, la reina de las nubes para mí: puede llegar hasta los 15 kilómetros de altura y dentro de ella se generan grandes corrientes de aire que pueden producir tormentas, lluvias fuertes o granizadas.

Estos son los géneros, los nombres de las nubes, pero luego muchas de ellas tienen un apellido o incluso dos, con los que se definen otras características que pueda tener esa nube en cuestión y que la distingue de otras. Así, por ejemplo, dentro de los altocúmulos podemos encontrar los **altocúmulos lenticulares**, que son unas nubes muy curiosas que suelen aparecer en las laderas o las cimas de las montañas y que tienen una forma muy peculiar, como redondeada, parecidas a los ovnis o platillos volantes que salen en los cómics de ciencia ficción.

Los últimos fichajes

En la última edición del *Atlas Internacional de Nubes* se han incluido lo que podemos llamar «últimos fichajes»: las nuevas nubes. Entre ellas, y una de las más llamativas, están las nubes **asperitas**, una formación ondulada, como olas en el cielo. Mirando desde abajo, es como si tuviésemos arriba «un mar embravecido», dicen quienes las han visto en vivo y en directo. Y otra que llama mucho la atención es la que yo llamo «una nube que no es nube», porque en realidad es como un agujero en mitad de un cielo nuboso. En inglés se llaman *hole-punch clouds* y su nombre oficial a partir de ahora es **cavum**, que suele producirse cuando la capa de nubes es atravesada por un avión y deja ese agujero circular.

6

MANERAS DE LLOVER

Si hay algo que me preguntan nueve de cada diez personas que me reconocen por la calle es esto: «Brasero, ¿va a llover?». En el fondo, esa es la cuestión principal de mi trabajo: contar si va a llover o no. Y contar cuándo puede llover, dónde (por supuesto) y de qué manera, porque no es lo mismo una lluvia flojita, constante y beneficiosa, que una lluvia torrencial que te inunde el garaje o te arruine la cosecha. Igual que hay muchas maneras de contarlo, también hay muchas maneras de llover.

¿Por qué llueve?

Para que haya lluvia tiene que haber nubes, y ya hemos visto en el capítulo anterior cómo se pueden formar las nubes. Pero no todas las nubes dejan lluvia. Por lo tanto, ¿qué tiene que pasar para que llueva? Tienes una pista en el término con el que nos referimos a la lluvia, la nieve o todo lo que cae de las nubes: precipitación. La cuestión es caer, precipitarse. Que caiga la gota o el copo. Ahí está la clave. La lluvia se produce cuando las gotas de agua que forman las nubes se vuelven lo suficientemente grandes como para vencer la resistencia del aire y caer al suelo por la acción de la gravedad.

Dentro de la nube hay millones de gotas de agua que son extremadamente pequeñas, y por tanto demasiado ligeras para caer a la Tierra por sí mismas. ¿Cómo aumentan de tamaño? El crecimiento de una gota de nube hasta llegar a ser gota de lluvia se produce principalmente por la unión de unas gotas con otras: las pequeñas gotas de agua chocan unas con otras dentro de la nube y se fusionan, formando gotas más grandes. A medida que estas gotas crecen de tamaño, aumenta su peso.

El radio habitual de las gotitas de nube es tan solo de 5 a 15 micras, y con ese peso tan liviano pueden flotar en el aire y seguir siendo nube. Cuando llegan a un milímetro ya sí pueden romper la tensión del aire y precipitar.

Según el distinto tamaño que alcance la gota así será su velocidad terminal, o velocidad de caída, al igual que ocurre con los paracaidistas que se tiran de un avión: es el equilibrio entre la fuerza de la gravedad y la resistencia del aire.

Una gota de unos 0,2 mm caerá con una velocidad terminal de 50 centímetros por segundo: será una ligera llovizna. Las gotas de 2 mm ya son unas señoras gotas que pueden caer a unos 7 metros por segundo: un chaparrón en toda regla.

El tamaño importa para que la gota pese y caiga, pero no solo depende de eso. Todo este proceso está condicionado por la interacción entre la temperatura, la cantidad de vapor de agua y la existencia o no de viento, es decir, que el aire se mueva más o menos. Un conjunto de detalles que hace más difícil responder a la pregunta del principio y saber si acabará o no lloviendo.

Maneras de llover

Según el tipo de elemento que precipita, podemos hablar de distintas maneras de llover. En 1992, el entonces llamado Instituto Nacional de Meteorología publicó un libro de estilo con el objeto de servir de manual de uso para los predictores y hombres del tiempo.

Es una buena guía para distinguir y definir los distintos tipos de precipitaciones, que son **llovizna, lluvia, chubasco, nieve** y **granizo**. Y también, según la intensidad de la precipitación, **débil, moderada, fuerte, muy fuerte** y **torrencial** (esta última se da cuando caen 10 l/m² en solo diez minutos o 60 l/m² en una hora: es la lluvia que suele causar inundaciones).

Como hemos contado hace algunos párrafos, también puede suceder que la condensación del vapor de agua que da lugar a la nube se forme muy cerca del suelo y entonces lo que tenemos es otro fenómeno meteorológico que habrás visto muchas veces..., aunque cuando lo ves, no se ve nada... Parece un trabalenguas o una paradoja, pero hablamos de la **niebla**, que impide la visibilidad y a veces incluso puede mojar.

La niebla que moja

Puedes decir que la niebla es «una nube en contacto con el suelo» y no estarás equivocado, aunque en realidad hay distintos tipos de nieblas.

Esas nieblas que sueles tener en invierno, con los cielos despejados por el anticiclón invernal, se llaman **nieblas de radiación**. Cuando llega la noche, el calor acumulado en la superficie durante el día se irradia a la atmósfera y el suelo se enfría. Al enfriarse el suelo, se va enfriando también la capa de aire en contacto con él y la humedad de ese aire se condensa en forma de niebla. Así suelen ser la mayoría de las nieblas matinales durante el invierno, y luego, cuando sale el sol, los rayos vuelven a calentar el suelo y esa condensación va desapareciendo de abajo arriba: por eso decimos que la niebla «va levantando».

Hay otro tipo de nieblas que quizá hayas visto, por ejemplo, sobre la superficie de un lago. Suelen generar paisajes muy bonitos. Se llaman **nieblas de advección**, y aquí el enfriamiento del aire se produce horizontalmente cuando una masa de aire cálido se desplaza por encima de una superficie fría, o una masa de aire frío pasa por encima de una superficie más cálida. Así es como surgen también esos bancos de niebla en mitad del océano donde a veces se esconden los barcos..., según vemos en las pelis de piratas.

También hay otro tipo de niebla con un nombre muy divertido: **niebla meona**. Se llama así porque está a medio camino entre ser un banco de niebla y una nube que deja lluvia. A veces sucede que atraviesas caminando una zona donde justo acaba de levantar la niebla y notas que te mojas, porque hay como gotitas que ya no están flotando (sería la niebla), sino que están cayendo (precipitando): eso es la niebla que moja o niebla meona.

Cencellada: la niebla congelada

Y ya por último te voy a hablar de otro fenómeno que a mí me encanta y que tiene que ver con la niebla: la cencellada. Sucede cuando tenemos nieblas y temperaturas bajo cero, y entonces las gotitas de agua que forman la niebla se congelan sobre algún objeto: un árbol, un poste en mitad del campo, los tendidos eléctricos, un telesilla de una estación de esquí... Cuando la niebla rodea estas superficies y hay una temperatura muy baja, las gotitas de agua que se posan en los objetos se congelan adoptando juntas un color blanco que se asemeja a una nevada. Hay gente que en una mañana de invierno se ha encontrado un campo blanquecino, con las ramas de los árboles cubiertos de blanco, y se pregunta cómo ha podido nevar sin que hubiera ninguna nube. Si además sopla el viento, la capa congelada sobre estos objetos se alarga y adopta formas muy curiosas, como banderas o plumas de hielo. No es nieve, es la cencellada, un hidrometeoro muy llamativo.

Y es que todos estos eventos que acabamos de ver son hidrometeoros: la parte de los meteoros (así se llaman los fenómenos físicos que ocurren en la atmósfera) que tiene que ver con el agua. Las nubes, la niebla, la lluvia, la llovizna, la nieve, la helada, la cencellada y también el granizo, la neblina, el chubasco, el rocío y la escarcha, y la lluvia engelante (cuando caen gotitas de lluvia muy frías y se congelan justo cuando tocan el suelo o una superficie como puede ser el techo de un coche); todos son hidrometeoros: fenómenos meteorológicos que tienen que ver con el agua.

La forma de la gota

Y si yo te pido ahora que dibujes una gota de agua, ¿cómo la dibujarías? O pídele a algún compañero o a algún familiar tuyo que la dibuje. Apuesto a que dibujará una gota como si fuera una lágrima: estrechita por arriba y con barriguita en la parte de abajo. Y dirás: «Lo que viene siendo una gota, ¿verdad?». Pues no. Esa forma tiene la última gota que vemos en el grifo cuando va estirándose y está a punto de caer, o la que corre por la hoja de un árbol hasta llegar a la punta. Esas puede que tengan forma de lágrima, y así es como la podrá dibujar tu amigo o tu primo, pero las gotas de agua que caen de las nubes no son así.

Las gotas de lluvia en realidad son ¡redondas! Bueno, en realidad así son las gotas más pequeñas, inferiores a un milímetro de diámetro: perfectas esferas redondas que caen de la nube al suelo.

Pero si son más grandes, también adoptan otras formas muy curiosas. Las gotas medianas se van aplastando por arriba y por abajo al caer y tienen forma aplanada, como la de una hamburguesa (a la de la carne me refiero) y las gotas más grandes, superiores a los cuatro milímetros, se van aplastando aún más por abajo debido a la resistencia del aire y acaban pareciéndose a un miniparacaídas o a una media luna. Así de curiosas son las formas de las gotas, así de variada es la manera de llover, así de entretenidos son los nombres de las nubes y los elementos esenciales, todos ellos del ciclo sin fin del agua en la Tierra.

7

QUE NO TE ASUSTE EL MATACABRAS

Esto te va resultar fácil: ¿qué es el viento? El aire en movimiento. Así de fácil es de definir. Pero otra cosa es si queremos saber de dónde sale, cómo se clasifica o qué nombres tienen los distintos vientos que recorren el mundo. Ahí el asunto se vuelve más complejo. Pues de todo esto trata este capítulo. Puede que se complique algo la cosa, pero de solventar las dificultades más grandes surgen las mayores satisfacciones. Y, además, es entretenido.

Cómo nace el viento

Si toda la Tierra tuviese la misma temperatura, si en todas las zonas del planeta hubiese la misma presión, no existiría el viento. El movimiento del aire obedece a una búsqueda del equilibrio. Podríamos decir que el aire viaja desde unas zonas donde sobra a otras donde falta; y ese viaje, ese movimiento del aire, es el viento.

Todo empieza con el sol, como tantas otras cosas en esto del clima. Los rayos del sol llegan de manera distinta a según qué parte del planeta y no toda la Tierra se calienta por igual: el ecuador y zonas próximas reciben más calor que los polos. El aire calentado por el sol se vuelve más ligero y tiende a subir, como ya sabemos. Es lo que ocurre en las zonas cercanas al ecuador, mientras que el aire frío de las zonas cercanas a los polos es más pesado y tiende a

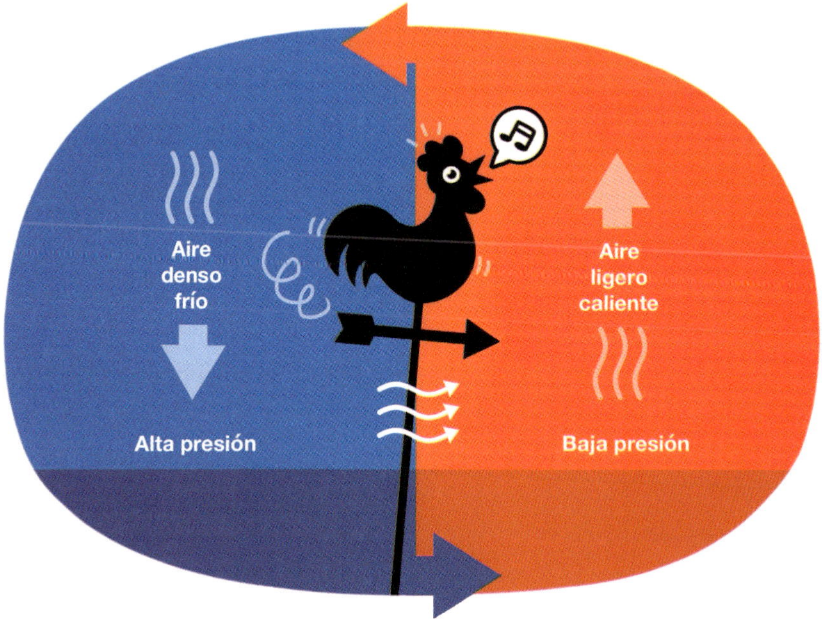

bajar. Pues bien, podemos decir que cuando el aire caliente sube, deja un «hueco» de baja presión en la superficie. El aire frío, al bajar, crea zonas de alta presión. Las diferencias entre las zonas de alta presión y baja presión hacen que el aire quiera moverse entre ellas y se desplaza de las zonas de alta presión, donde podemos decir que el aire está más «apretado», a las de baja presión, donde se ha generado ese «hueco» y hay menos aire.

En las altas presiones sobra aire: el anticiclón empuja el aire hacia el exterior y de arriba hacia abajo. Es como cuando quieres desinflar la colchoneta del *camping* o de la piscina: te sientas encima, haces fuerza y el aire escapa por la boquilla. Has movido el aire y este se puede mover porque se dirige hacia una zona donde hace falta aire. Si la habitación en la que estás haciendo ese desinflado estuviera presurizada y el aire que te rodea tuviera la misma presión que el de dentro de la colchoneta... ay, amigo, ni aunque se sentara un elefante encima podría desinflarla: no habría movimiento, pues no habría diferencia de presión.

Esta es la explicación de los grandes vientos generales o globales que forman parte de lo que se llama «circulación general atmosférica». Luego están los vientos más locales, que nacen de manera distinta aunque el principio físico sigue siendo el mismo: la búsqueda del equilibrio.

Silbando por valles y montañas

A veces el viento silba, o le escuchamos silbar cuando, por ejemplo, dejamos una ventana mal cerrada y se queda abierto un huequecito estrecho por donde se cuela el aire. Entonces se produce como un silbido muy llamativo. Esto ocurre porque el aire, al pasar por un lugar más estrecho, se acelera, se mueve rápidamente y se convierte en viento. Es lo mismo que pasa en los valles entre montañas, un hueco estrecho y abierto por donde se cuela el aire que, al acelerarse, se convierte en viento. ¿Y de dónde ha salido ese aire? De nuevo, de una diferencia de temperatura. Durante el día, el aire en las zonas bajas (los valles) se calienta más rápido y sube hacia las montañas generando el llamado **viento de valle**. Y durante la noche, el aire en las montañas se enfría rápidamente y desciende hacia los valles, creando el **viento de montaña**. Si el aire al ascender se encuentra con una elevada humedad es fácil que se enfríe y condense, dando lugar a la aparición de nubes en las cumbres. Esos son los famosos «sombreros» o «boinas» que les salen a algunas montañas y que a veces tienen nombre como el sombrero del Teide, en Tenerife, la visera del Veleta, en Sierra Nevada, o la montera del Peñón de Gibraltar.

El viento de valle y el viento de montaña son dos ejemplos de vientos locales, parecidos a las brisas costeras, que también se generan de manera similar.

La rica brisita

Cuando vamos a la playa agradecemos esa brisa fresca que empieza a soplar por la mañana y a veces, gracias a ella, podemos comer en una terraza sin asfixiarnos. Son las brisas costeras o, para ser más exactos, el régimen de brisas, y también se producen por las diferencias de temperatura en el ciclo noche/día.

La tierra y el mar tienen distinta capacidad calorífica, es decir, ganan o pierden temperatura a un ritmo distinto. El mar es más perezoso para coger o soltar el calor y, sin embargo, la tierra (el suelo) se calienta más rápido por el día y se enfría más rápido por la noche. Y esta descompensación, este ritmo distinto, se pone de manifiesto en el lugar donde ambos coindicen: el litoral.

Tenemos, pues, dos zonas con distinta temperatura, y ya sabemos qué hace el aire cuando se encuentra con una diferencia: comienza a moverse de un sitio a otro, buscando el equilibrio. Las brisas se pueden generar siempre que haya existido una gran exposición solar, como en los días despejados de verano, y siempre que no tengamos un fuerte viento dominante que pueda solapar las brisas y acabe ocultándolas: un viento abusón.

La mecánica es la siguiente. Durante el día, tras salir el sol, el aire pegado al suelo va calentándose y comienza a ascender; el hueco que deja lo viene a ocupar el aire que tenemos sobre el mar (ya que el agua no se ha calentado a la misma velocidad y está, por tanto, a una temperatura más baja). Se establece pues una corriente de mar a tierra que aporta aire fresco. Este es ese viento local que llaman «virazón» o brisa marina y que alcanza la mayor intensidad en las horas centrales del día.

Tras ponerse el sol, el procedimiento es el inverso. La tierra va perdiendo el calor, pero el mar, más perezoso, tarda más enfriarse —por eso cuando nos pegamos un baño nocturno pasamos más frío al salir que cuando estamos dentro del agua—, y ahora es el aire del mar el que empieza a elevarse. Así que será el aire que está en la tierra el que intentará rellenar el hueco: se establece una corriente tierra-mar, que puede continuar toda la noche y que se llama «viento terral» o brisa de tierra.

De dónde y cuánto

Son las dos preguntas que le hacemos al viento cuando queremos dar el tiempo. Y son fundamentales también para averiguar qué tiempo hará, es decir, para confeccionar la previsión. Por un lado, interesa saber su dirección (de dónde viene) y, por otro, su intensidad o velocidad (a cuantos metros por segundo o kilómetros por hora sopla el viento)

La **dirección** se expresa por el lugar desde donde nos viene el viento y no hacia dónde va. Este asunto es crucial porque suele dar pie a frecuentes errores. Un viento del oeste es un viento que viene desde el oeste. Se llama de «poniente» porque viene desde el lugar donde se pone el sol, el oeste. El de «levante», sin embargo, viene desde el lugar por donde sale el sol, el este. En el Mediterráneo, donde el sol sale por el mar, el levante es un viento que vendrá desde el mar y, por lo tanto, aportará humedad.

Cuando en el mapa del tiempo veas las flechitas de los vientos, fíjate en el sentido al que apuntan y recuerda que la flecha indica hacia dónde va, pero el nombre es desde dónde viene:

- **Viento «de poniente», o del oeste.**
- **Viento «de levante», o del este.**
- **Viento del sur.**
- **Viento del norte**.

Esos son los cuatro puntos cardinales que, combinándose entre sí, nos dan hasta 32 direcciones distintas: norte, noroeste, nornoroeste, oeste-noroeste, etc. También suele expresarse un viento con un numerito en grados. Esto resulta de trazar un círculo idéntico al de la rosa de los vientos, graduarlo en el sentido las agujas del reloj y suponer que los 360° de nuestro círculo graduado corresponden justo al norte.

Saber la dirección del viento es muy importante, y también nos indica más información sobre su naturaleza. El viento de levante, por ejemplo, es un viento húmedo que puede generar nubes en las costas del Mediterráneo andaluz; mientras que los vientos de suroeste que llegan a la península desde el Atlántico son vientos ábregos cargados de humedad que suelen dejar lluvias, algunas abundantes, en zonas de Cáceres o Salamanca.

Calma
Flojos
Moderados
Fuertes
Muy fuertes
Huracanados
NO SIGNAL

En los aeropuertos están muy atentos al viento para poder despegar, y no solo por su fuerza, de la que ahora hablaremos. Las aeronaves necesitan despegar cara al viento y, dependiendo de la orientación de las pistas, despegarán hacia un lado u otro. En el aeropuerto Adolfo Suárez Madrid-Barajas despegan en lo que llaman «configuración sur», cuando el viento dominante es de componente sur, mientras que si el viento cambia y acaba soplando de norte cambiará la manera de despegar y aterrizar los aviones: lo harán mirando al norte.

El segundo parámetro que nos interesa conocer del viento es la **intensidad**, que es la velocidad a la que sopla el viento y se puede medir en metros por segundo, kilómetros por hora o nudos.

Hay una escala del libro de estilo del Instituto Nacional de Meteorología que es la que usamos los hombres del tiempo para agrupar las velocidades del viento:

- **Calma:** cuando el aire no se mueve, o sopla a menos de 5 km/h.
- **Flojos:** la velocidad media del viento está entre los 6 y los 20 km/h.
- **Moderados:** vientos entre los 21 y los 40 km/h.
- **Fuertes:** entre los 41 y los 70 km/h.
- **Muy fuertes:** entre los 71 y los 120 km/h.
- **Huracanados:** cuando la velocidad media supera los 120 km/h.

Habrás notado que me refiero a la velocidad media, que es distinta a las rachas. La *velocidad media* es a la que sopla el viento en un periodo prolongado (diez minutos suele ser la referencia) y la *racha* es un momento puntual. Así, por ejemplo, si contemplamos una zona donde soplará un viento más o menos sostenido de unos 60 km/h, pero con la posibilidad de que se supere esa velocidad en algún momento, diríamos «vientos fuertes con rachas muy fuertes».

También se suele tomar de referencia, sobre todo la gente del mar, la escala Beaufort, que resulta de observar los efectos del viento sobre el mar o los objetos para asignarles distintos grados. Así, por ejemplo, un mar *bonancible* sería uno de olas pequeñas con «borreguillos» bastante frecuentes; *fresquito* sería el mar con olas moderadas y abundantes borregos; en un mar *frescachón* la mar se vuelve gruesa y la espuma es arrastrada en dirección del viento; y se denomina *temporal* a ese mar con olas muy grandes, espuma densa fuerte arrastrada en la dirección del viento y un rocío que puede afectar la visibilidad.

En los nombres hay de todo

Ya hemos visto que un viento puede llamarse de noroeste, de este o de sur, pero lo más normal es que los conozcamos por sus propios nombres: tramontana, cierzo, levante, poniente, mistral...

Hay centenares de nombres porque un mismo viento suele recibir nombres distintos según la región o la provincia donde estemos. El viento del noroeste, por ejemplo, que en Cataluña se conoce como *mestral*, en Zaragoza es el *cierzo* y en León es el *gallego*, porque viene desde Galicia. En Cantabria, sin embargo, el *gallego* es el viento del oeste. El viento *solano* es el que viene de donde sale el sol, y así se le llama en Castilla o Extremadura; pero en el Mediterráneo es más frecuente llamarlo *levante* y, si es de sureste, puede ser el *siroco*, *jaloque* o *xaloc*, según las zonas. Tenemos, en el cuadro opuesto de la rosa de los vientos, el *poniente*, que sopla desde el oeste arrastrando los frentes, y el *ábrego,* que es el viento del suroeste y que se llama también *lebeche* o *garbino*.

Estos son los más conocidos, diría yo, pero en cada región —o, a veces, incluso en un pueblo concreto— hay un nombre para ese viento que suele darse ahí y que puede condicionar la vida de sus habitantes en alguno de sus aspectos. Y ahí tenemos al *matacabras*. Se trata de un viento fuerte, seco y frío, muy temido porque provoca una brusca bajada de temperaturas, y que en invierno puede ser especialmente duro para el ganado que pastorea al aire libre.

En Aragón, los Pirineos o en la provincia de Cuenca he oído llamar así a este viento, pero para unos es el que llega del noroeste, para otros de nornoreste... y para el diccionario de la RAE es un viento norte fuerte. El caso es que seguramente se lleve ese nombre el viento que más daño provoque en un sitio concreto, venga de donde venga. Ese viento frío, molesto y que puede causar daños: ese el matacabras.

Un poco de mitología

Los *anemoi* te podría sonar a una familia de personajes de alguna serie manga japonesa, pero en realidad eran los dioses de los vientos para los antiguos griegos. Y algunos de sus nombres han llegado a nuestros días con otro significado. Vas a ver qué curioso.

Según cuenta Homero en la *Odisea*, Eolo, que vivía en la isla de Eolia y tenía por encargo de Zeus custodiar los vientos, le entregó a Odiseo una vasija con todos los vientos, los *anemoi*, para que le ayudaran en su viaje hacia Ítaca. La tripulación, creyendo que contenía oro, abrió el odre y se liberaron todos los vientos: ahí tenemos el origen de las tempestades en el mar.

Los griegos asignaron cada dios a un punto cardinal. En el norte estaba **Bóreas**, rudo y voraz, que traía el frío invernal; en el sur, el dios **Noto**, responsable del calor pero también de las tormentas de comienzos del otoño que podrían destruir las cosechas; del oeste soplaba **Céfiro**, suave, benigno y fructificador, que animaba la primavera con sus brisas; y en el este los griegos situaron a un dios cuyo nombre te sonará mucho más, **Euro**, que traía calor pero también lluvias y al que los griegos, al parecer, no asociaron ninguna estación concreta pero que se corresponde con el que aquí llamamos solano o levante.

Además, cuenta Hesíodo en su *Teogonía* que esos vientos que hemos citado estaban presentes a lo largo del año, se les consideraba beneficiosos y eran hijos de Astreo y Eos. Pero había otros vientos, repentinos y destructivos, que eran los hijos de Tifón, que causaban daños allá donde aparecían. Y que a nosotros nos sirven para pasar al siguiente capítulo, donde precisamente hablaremos de los tifones y sus diferencias con los huracanes... si es que las hay. ¡Vamos con ello!

8

HURACANES Y SUPERTIFONES

Uno y otro son dos de los fenómenos meteorológicos más llamativos, y también más temidos. Los informativos abren sus noticias con ese amenazante huracán de categoría 5 que se aproxima a las costas de Florida o con ese supertifón que atraviesa el archipiélago japonés dejando tras de sí un rastro de destrucción. En realidad, y es lo que te voy a contar aquí, un huracán es lo mismo que un tifón, pero se llaman de manera distinta por el lugar donde se producen.

Ciclones tropicales

En Cuba es un huracán lo que en China es un tifón. Ambos son ciclones tropicales. Un ciclón, como ya sabes, es cualquier torbellino atmosférico que en el hemisferio norte gira en sentido contrario a las agujas del reloj y en sentido opuesto en el hemisferio sur. Que gire, y el sentido del giro, es lo que permite que le llamemos ciclón. Una borrasca es un ciclón, por ejemplo. Pero a veces esos ciclones o torbellinos tienen una estructura más especial y un comportamiento más enérgico que produce vientos más fuertes y lluvias más abundantes. El motivo es el «núcleo cálido» que poseen estos ciclones y la causa es que se han formado sobre aguas cálidas, con unos 26,5 °C o más... Esa es la temperatura que suelen tener en las zonas tropicales del planeta y por eso a los ciclones que se forman así se les llama *ciclones tropicales*. Y luego tenemos distintos nombres dependiendo, por un lado, de la intensidad y, por otro, del lugar del mundo donde se dan.

Escala de intensidad

Dependiendo de su fuerza, un ciclón tropical puede llamarse **depresión tropical** —que sería la primera fase— cuando está naciendo y es aún muy débil—, **tormenta tropical** —que es la segunda fase—, cuando ya ha ganado fuerza (y aquí ya tiene derecho a recibir un «nombre propio», como contaremos más adelante), y luego, si sigue aumentando de intensidad, pasa a ser **huracán**. A partir de ahí irá subiendo de categoría según vaya ganando fuerza.

Los ciclones tropicales se clasifican en función de la fuerza de sus vientos, que se determina según la escala Saffir-Simpson. Esta escala se llama así porque fue desarrollada conjuntamente por el ingeniero civil Herbert Saffir y por Robert Simpson, director del Centro Nacional de Huracanes de Estados Unidos, en 1969.

Primero tendríamos la clasificación de las etapas iniciales, en las que todavía no es un huracán, y que se añaden a la escala por delante. Así, una **depresión tropical** es cuando el viento no pasa de 62 km/h y una **tormenta tropical** es cuando llega hasta los 118 km/h. A partir de ahí ya tendríamos un **huracán** y empiezan las distintas categorías, cinco en total, en las que se incluye también una descripción de daños potenciales. Los de categoría 3, 4 y 5 se consideran ya «grandes huracanes», o *major* en inglés.

- **Categoría 1.** Es la que va de los 119 km/h hasta los 153 km/h. Es un huracán que no causa daños en las estructuras de los edificios, pero sí —básicamente— en viviendas flotantes no amarradas, arbustos y árboles. También inundaciones en zonas costeras y daños de poco alcance en puertos.
- **Categoría 2.** Vientos desde 154 km/h hasta los 177 km/h. Ya se pueden producir daños en tejados, puertas y ventanas. Importantes daños en la vegetación, viviendas móviles, etc. Inundaciones en puertos, así como ruptura de pequeños amarres.
- **Categoría 3.** Desde los 178 km/ a los 209 km/h. Daños potenciales en estructuras de edificios pequeños. Destrucción de viviendas móviles. Las inundaciones destruyen edificaciones pequeñas en zonas costeras y objetos a la deriva pueden causar daños en edificios mayores. Posibilidad de inundaciones tierra adentro.
- **Categoría 4.** Aquellos cuyos vientos sostenidos llegan hasta los 250 km/. Potencialmente tendríamos daños generalizados en estructuras protectoras, desplome de tejados en edificios pequeños, alta erosión de bancales y playas e inundaciones en terrenos interiores.

- **Categoría 5.** Cuando la velocidad del viento del huracán supera los 251 km/h. Los daños potenciales incluyen la destrucción completa de tejados en algunos edificios; las inundaciones pueden llegar a las plantas bajas de los edificios cercanos a la costa; puede ser precisa la evacuación masiva de áreas residenciales. Los vientos de 300 km/h pueden arrancar árboles y hasta casas de sus cimientos. Se trata, en definitiva, de un huracán muy poderoso, según la descripción de la escala Saffir-Simpson.

¿Te suena el nombre de algunos de estos huracanes? Todos ellos alcanzaron la categoría 5 y han pasado a la historia por los tremendos daños que causaron:

- huracán Andrew
- huracán Dean
- huracán Gilbert
- huracán Hugo
- huracán Isabel
- huracán Iván
- huracán Matthew
- huracán Katrina
- huracán Linda
- huracán Mitch
- huracán Rita
- huracán Ian
- huracán Wilma
- huracán Milton
- tifón Tip
- tifón Goni
- tifón Haiyan

Habrás visto que en el listado anterior aparecen huracanes (como el Katrina, de 2005), pero también tifones (como el supertifón Haiyan, de 2013) porque, como te he dicho, se trata del mismo fenómeno atmosférico aunque se le llame de otra manera.

Ahora te explico un poco más sobre esta segunda distinción en cuanto a los nombres: la que depende del área geográfica donde se da el fenómeno.

Distinto lugar, distinto nombre

Como ya te adelanté, a un ciclón tropical cuyos vientos superan los 119 km/h se le llama **huracán** en el Atlántico norte y en el Pacífico norte (en las Antillas y el golfo de México, por un lado, y por otro en las costas occidentales de los Estados Unidos, México, Centroamérica y las islas Hawái). En cambio se le llama **tifón** en el Pacífico noroeste y en sudeste de Asia, especialmente en las islas Filipinas, Taiwán, China y Japón. Y también existe el término **supertifón**, que se usa para referirse a un tifón en el que los vientos máximos sostenidos en la superficie alcanzan los 241 km/h o más.

En el océano Índico también hay ciclones tropicales y se los conoce simplemente como **ciclón**. Y en Australia y Nueva Zelanda la Oficina Meteorológica del Gobierno australiano y su Centro de Alerta de Ciclones Tropicales (TCWC) también dice que la manera oficial de llamar a estas tormentas es «ciclón» (o *cyclone*, en inglés) aunque antiguamente se les llamaba popularmente *willy-willy*, término que proviene de los aborígenes australianos.

En otras partes del mundo es más raro que se den, y por lo tanto no existen nombres específicos para ellos. Sin embargo, en los últimos años se han detectado en el mar Mediterráneo lo que bien pudieran ser unas tormentas o ciclones tropicales en cuanto a estructura e intensidad de vientos y precipitación. Algunos incluso llegan a presentar el ojo característico de los huracanes. A estos se les ha llamado **medicanes,** por ser huraCANES en el MEDIterráneo. De ahí viene ese término, que de momento no es un nombre oficial pero a lo mejor lo escuchas cada vez más en un futuro próximo.

¿Por qué son tan destructivos?

En cada una de las zonas donde sí son frecuentes los ciclones tropicales —ciclones, huracanes o tifones—hay, además, unas fechas distintas donde es más probable que se puedan formar y se denominan «temporadas». En el Atlántico norte, donde se forman las tormentas tropicales y huracanes que afectan a las islas del Caribe o al este de los Estados Unidos, la temporada de huracanes va del 1 de junio al 30 de noviembre, y estadísticamente el pico de actividad de la temporada es el 10 de septiembre. El encargado de vigilar estas grandes tormentas es el Centro Nacional de Huracanes, con sede en Miami (Estados Unidos).

El problema con los huracanes no solo es el viento que generan. Son grandes estructuras nubosas formadas por tormentas alrededor de un «ojo» —zona libre de nubes— que generan también abundante precipitación: lluvias torrenciales que pueden hacer que los ríos se desborden y causar desprendimientos de tierras. Además, hay otro riesgo menos conocido, pero que muchas veces es el principal responsable de esas imágenes de destrozos que vemos en las zonas de costa donde el huracán ha tocado tierra: la marejada ciclónica. Los ciclones tropicales causan un aumento súbito del nivel del mar, como ocurre durante las mareas, pero de golpe, y ese volumen de agua marina inunda las ciudades costeras allá donde golpea el ciclón. Una vez que toca tierra, la energía del huracán se disipa y, como ya no tiene el combustible que la alimente (el agua caliente del mar), va perdiendo fuerza y degradándose a tormenta tropical y luego a depresión tropical. Es decir, el camino inverso. Y fin del riesgo.

La vida de los huracanes

Los huracanes nacen, se desarrollan y mueren. Y algunos de ellos tienen otra vida después de la muerte. Te explico. En el caso de los del océano Atlántico, que son los que nos pillan más cerca, la mayoría de los ciclones tropicales proceden de una zona de bajas presiones o pequeña borrasca que se suele crear en África, normalmente frente a las costas de Mauritania o Senegal: ese es el criadero de los huracanes. Lo que ocurre es que ahí tan solo son una semilla. Desde allí empiezan a desplazarse hacia el oeste siguiendo la corriente de los alisios, los mismos vientos que impulsaron las velas de las carabelas de llevaron a Cristóbal Colón hasta el Nuevo Mundo. En este caso es en la atmósfera donde viaja ese embrión de huracán, y a partir de ahí puede crecer hasta convertirse en uno o quedarse a medias y ser solo tormenta tropical, o no encontrar las condiciones propicias para su crecimiento y quedarse en nada, como ocurre muchas veces.

Lo que tiene que pasar para que vaya creciendo y ganando intensidad es encontrase con aguas calientes (26,5 °C o más en los primeros 50 metros) y que no exista demasiado viento vertical, llamado «cizalladura», que iría cortando y disipando las nubes que van creciendo en el seno del ciclón. Si se dan esas condiciones, hacia la mitad del Atlántico o llegando ya a las Antillas, podemos tener una tormenta tropical con su característico giro ciclónico. Y luego, si se mantienen las condiciones propicias, puede seguir creciendo y aumentando de categoría. ... ¿Y cuándo muere? Pues, como todo, cuando pierde la energía que le alimenta: el agua cálida. Esto puede ocurrir cuando toca tierra, como hemos comentado antes, o si transita hacia aguas oceánicas más frías y pierde intensidad sin haber causado daños.

Vida después de la muerte

El huracán muere como huracán, como gran estructura, pero las tormentas que lo forman no desaparecen por completo. Tras perder fuerza e ir poco a poco degradándose pueden quedarse en una siempre borrasca; y hay muchas ocasiones en que esa borrasca hace un viaje trasatlántico, pero en sentido opuesto: cruza de oeste a este en un viaje de vuelta, un poco más al norte de por donde hizo el viaje de ida, siguiendo la corriente del Golfo. Pues bien, esa es la carretera de las borrascas. Algunas de las borrascas que en el otoño dejan lluvias en el Reino Unido, o que nos envían esos frentes fríos que llegan con lluvias al noroeste de nuestra península ibérica pudieron ser huracanes o tormentas tropicales algunas semanas antes en Cuba o Florida. No es raro que, tras tocar tierra en los estados del sureste de los Estados Unidos, el ciclón suba hacia el norte y deje de ser tropical tras abandonar esas aguas calientes, pero luego tome la corriente del Golfo (la autopista de las borrascas) y emprenda el camino de regreso. La misma ruta, por cierto, que seguían los barcos que de América traían a Europa ricas materias primas en la época de los descubridores. Y así, lo que en su día fue un huracán del Caribe, es ahora una borrasca atlántica que puede dejarnos lluvias y vientos en la península ibérica, exactamente igual que otras muchas borrascas que no han tenido ese pasado meteorológico tan glorioso. ¿Curioso verdad?

También hay otras ocasiones, pero estas son más raras, en las que el ciclón tropical emprende ese viaje de regreso conservando aún mucha de su fuerza original —o sin haberla perdido del todo—, y entonces es lo que llamamos un «ciclón extratropical» y conserva su nombre, pero añadiendo el prefijo *ex-*. Es lo que ocurrió en octubre de 2024 con el ciclón tropical Kirk, que nació en mitad del Atlántico, llegó a alcanzar categoría 2, y enfiló hacia la península ibérica. Sin embargo, a medida que se acercaba, fue rebajando su intensidad hasta tormenta tropical, para perder pronto sus características tropicales y llegar a España convertida en borrasca: ex-Kirk. Eso sí, una borrasca muy potente que produjo vientos muy fuertes y hasta huracanados (ya sabes, de 120 km/h o más) en gran parte de la península. ¡Incluso se registró una racha de 205 km/h en una estación meteorológica situada en los Picos de Europa!

Y después de hablar tanto de los nombres de los huracanes es hora ya de saber quién se los pone y con qué argumentos. ¡Un tema apasionante de verdad!

Los nombres de los huracanes

Al inicio de cada temporada se hace un pronóstico del número de tormentas tropicales que se esperan, cuántas de ellas pueden llegar a huracán y cuántos de estos pueden crecer hasta convertirse en un *major*. Tan solo se trata de un pronóstico y no se sabe finalmente cuántas se producirán. Lo que sí se sabe siempre desde el principio es que el nombre que tendrán.

En el caso de los huracanes del Atlántico norte existen seis listas de nombres predeterminados que van rotando cada seis años:

la lista de nombres del 2024 es la que se usó en el 2018 y en el 2012, etc., con alguna excepción que luego te contaré. Cada lista se compone de 21 nombres cuyas iniciales siguen el orden alfabético para así poder averiguar, solo con su nombre, el número que ocupa esa tormenta tropical o huracán en una temporada. Son 21 porque, como ya te he contado, se omiten las letras *Q*, *U*, *X*, *Y* y *Z*. En cada lista se va alternando un nombre masculino y otro femenino. En los años impares se comienza con nombre femenino y en los pares la primera tormenta llevará nombre masculino. Cuando un huracán ha sido muy destructivo se le retira de la lista, y esa es la excepción que te decía antes: por eso son listas «vivas», abiertas a modificaciones. Si un huracán ha causado numerosas víctimas y daños materiales, su nombre «se cae» de la lista y es reemplazado por otro con su misma inicial. Y por último, ¿qué ocurre si algún año hay más de 21 huracanes? Pues en estas temporadas tan activas, en las que se quedan cortas las listas con los 21 nombres previstos, se usa a continuación el alfabeto griego: la tormenta tropical 22 se llama Alfa, luego Beta, etc. Así ocurrió en 2005, que fue un año tremendo: fue el año del huracán Katrina (cuyo nombre, por cierto, se retiró y se reemplazó por Katia)... y también el de la tormenta tropical Delta, que afectó a nuestras islas Canarias donde todavía se la recuerda. La temporada de 2020 también se prolongó más allá del listado previsto y hubo que recurrir al alfabeto griego: ese año empezó con Arthur y se llegó hasta Iota, la tormenta tropical número 30.

¿Quién pone los nombres?

De todas estas listas y sus modificaciones se encarga una comisión de la Organización Meteorológica Mundial desde el año 1979. Pero antes de ese año también hubo huracanes y también tenían un nombre. ¿De dónde salía? Pues al principio se bautizaba a estas tormentas dañinas con el nombre del santo del día en que se sufrían los efectos destructivos del huracán. Así tenemos el recordado el huracán de Santa Ana, que destrozó Puerto Rico el 26 de julio de 1825, día de Santa Ana. Pero fue a finales del siglo XIX cuando Clement L. Wragee, un estudiante de leyes convertido en meteorólogo, tuvo una idea brillante: poner nombres de personas a los huracanes.

Clement Lindley Wragge nació en 1852 en un pueblecito de la campiña inglesa y se quedó huérfano a los cinco años. Hizo carrera en el incipiente campo de la meteorología por sus pertinaces observaciones —un trabajo humilde, abnegado y anónimo, pero que es la base de una buena predicción—, llegando a ganar la medalla de oro de la Sociedad Meteorológica escocesa por una serie de observaciones continuadas, en las que no falló ni un día en sus visitas a la garita meteorológica para recabar los datos. Como la climatología británica se le quedaba corta —y seguro que monótona— viajó a las islas del Pacífico, a los Estados Unidos, a India, a Nueva Zelanda y Australia para estudiar sobre el terreno los fenómenos adversos que allí se producían. En Australia instaló numerosas estaciones meteorológicas a lo largo de un continente aún virgen e inexplorado, y fundó junto a otros pioneros la Royal Meteorological Society australiana, donde por cierto le pusieron el mote de «inclemente Wragge» por jugar con eso de las inclemencias del tiempo que tanto le apasionaban. Además, según parece, llovía a mares el día en que Clement llegó a Brisbane.

Pero la historia de Clement L. Wragge nos interesa aquí porque fue el primero al que se le ocurrió una forma más o menos sistemática de llamar a las tormentas tropicales, lo que viene siendo la primera nomenclatura de estos fenómenos que, a diferencia del Reino Unido, sí ocurrían en algunas zonas de Australia. Clement primero pensó en el alfabeto griego —no iba desencaminado ya que, como hemos visto, en la actualidad se usa este sistema como listado de reserva— y luego tiró de nombres de la mitología polinesia: dioses, mitos, criaturas... Pero con los que triunfó fue con los nombres de los políticos. Resulta que el tal Clement no tenía muy buena relación con las autoridades australianas, porque le habían dado un cargo como meteorólogo jefe de Queensland pero sus predicciones iban más allá de su circunscripción y emitía boletines para otras zonas y regiones. Se metía donde no le llamaban... pero lo hacía con éxito, ya que sus pronósticos acertaban bastante. El caso es que, ni corto ni perezoso, fue asignando los nombres de los políticos que le molestaban a las tormentas tropicales y huracanes que golpeaban su zona. Muchos de estos fenómenos causaban daños en la población, y desde luego no gozaban de buena fama, así que al llevar el nombre del político en cuestión esa mala fama se asociaba al personaje. Si era eso lo que pretendía, desde luego acertó.

Tras su muerte se perdió esta moda hasta que a mediados del siglo XX surgió otra que hoy se consideraría políticamente incorrecta: poner a los huracanes nombre de mujer. En Estados Unidos este sistema se usó a partir de 1953 y en Australia desde 1964. Y es que no está bien que estos fenómenos que causan daños y destrucción estén asociados únicamente a nombres femeninos; por ello, desde 1979, se alternan un nombre masculino y otro femenino. Además, como ya hemos comentado antes, cuando un huracán es especialmente destructivo y causa mucho dolor, su nombre es retirado de la lista.

9

EL CLIMA DEL ESPACIO ESPACIAL

Hoy en día es fácil conocer el tiempo que hace en casi cualquier rincón de nuestro planeta. Solo necesitas tener una estación meteorología que recoja datos en ese lugar en cuestión y que esté conectada a internet para que tú puedas consultar los datos desde tu ordenador. Puedes conocer en tiempo real, por ejemplo, qué día hace en la Antártida accediendo a través de la web de AEMET a los datos en tiempo real de sus estaciones en la base Rey Juan Carlos I o en el Pico Sofía de la isla Linvingston o la de la base Gabriel de Castilla en la isla Decepción. Y a través de las cada vez más numerosas redes de meteoaficionados puedes saber al instante qué tiempo hace en Berlín, en Hawái o en Torrejoncillo, provincia de

Cáceres. Y del mismo modo y por el mismo método puedes saber ahora mismo qué tiempo hace nada menos que ien Marte! Sí. En el planeta rojo también hay una estación meteorológica que recoge a diario los datos del tiempo marciano y que, además, es un logro de cuarenta científicos españoles. Gracias a ellos podemos conocer mucho mejor el funcionamiento del clima en Marte, y tú puedes saber desde tu casa el tiempo que hace hoy en otro planeta del sistema solar que no es la Tierra.

El clima marciano

En algunos aspectos, el clima del planeta en Marte es parecido al de la Tierra, y en otros es completamente distinto. Nos parecemos en que en ambos planetas existen estaciones y en que el día dura más o menos lo mismo: un día marciano (que se llama sol) viene a durar 24 horas y 40 minutos. El año sí es más largo que el nuestro: Marte tarda en completar una vuelta alrededor del Sol el doble que la Tierra, es decir, un año marciano equivale aproximadamente a dos de los nuestros. Pero lo fundamental es que en esa órbita alrededor del Sol, Marte se aleja mucho más que nosotros y en toda la órbita completa solo recibe la mitad de la luz solar que la Tierra, por eso la superficie de Marte es mucho más fría que la nuestra, con una media anual de −55 °C y con grandes cambios de temperatura entre una estación y otra.

Otra diferencia es que la atmósfera es mucho más liviana que la de la Tierra y su composición es muy distinta: la atmósfera marciana está constituida principalmente por dióxido de carbono (95,3 %), nitrógeno (2,7 %) y argón (1,7 %), mientras que el oxígeno y el vapor de agua, que en la Tierra son una parte importante de nuestra atmósfera, en la de Marte representan menos del 0,2 %. Pero quizá lo que

más nos diferencia del clima marciano es la enorme variabilidad que hay en las temperaturas dentro del mismo día. Entre la mínima y la máxima suele haber 70 °C de diferencia. A veces más: en el verano marciano puede llegar la temperatura a los 20 °C durante el día, pero luego, cuando se hace de noche, puede bajar hasta los −80 °C. Y eso es consecuencia de que la atmósfera sea tan débil, tan ligera, con una presión media en la superficie de solo 6,1 milibares (la de la Tierra, recuerda, es de 1013 mb), que le impide retener el calor: por la noche se escapa todo el calor que haya podido acumularse de día y entonces el termómetro se desploma. Para terminar de hacer una foto del clima marciano tienes que pensar, por un lado, que es un planeta de rocas y polvo y, por otro, que tiene fuertes y constantes vientos. Como consecuencia de una y otra circunstancia, tienes las habituales tormentas de arena en Marte: el viento levanta el polvo de su reseca superficie y genera enormes tormentas de arena que pueden hasta recorrer el planeta entero y hasta impedir que los rayos del Sol lleguen hasta la superficie marciana.

El tiempo en Marte

Aunque la atmósfera y el clima del planeta Marte han sido objeto de estudio desde hace siglos, recientemente tenemos la oportunidad de saber más de ellos e incluso conocer el tiempo marciano día a día o sol a sol (que así es como se llama un día en Marte). Ya en 1976 dos sondas de la NASA, las Viking Landers, llegaron a la superficie de Marte, y entre sus instrumentos estaba un grupo de sensores para medir la presión, la temperatura del aire y la velocidad y la dirección del viento. Y desde 2012 tenemos operativa una completa estación meteorológica a bordo del rover Curiosity de la NASA: la estación medioambiental REMS, de fabricación española. Posteriormente han llegado la InSight Lander, en 2018, que incluía un conjunto de instrumentos meteorológicos llamado TWINS (Temperature and Wind for InSight) para monitorear el viento, la temperatura y la presión, y otro rover, el Perseverance, aterrizado en 2021, que lleva una estación meteorológica avanzada llamada MEDA (Mars Environmental Dynamics Analyzer), que tiene una mayor precisión. Pero el REMS, si te interesa saberlo, lo tenemos más a mano...

La estación meteorológica española en Marte

R, E, M y S son las siglas de Rover Environmental Monitoring Station, que está formada por un conjunto de instrumentos que registra la temperatura del aire, la presión, la humedad relativa, la temperatura del suelo, la velocidad y la dirección del viento y la radiación ultravioleta. Desarrollada por el Centro de Astrobiología (CSIC-INTA) de España, la REMS opera desde el vehículo Curiosity, que desde agosto de 2012 recorre arriba y abajo el cráter Gale, cerca del ecuador de Marte.

Curiosity es el nombre por el que conocemos a este astromóvil de exploración marciana, pero en realidad la misión de la NASA se llama Mars Science Laboratory y tiene como objetivo básico evaluar el potencial de habitabilidad, pasada y presente, del planeta Marte, y más en concreto de la zona de estudio (el cráter de impacto Gale). Este vehículo lleva instrumentos científicos más avanzados que los de las otras misiones anteriores dirigidas a Marte, y algunos de ellos proporcionados por la comunidad internacional: España aporta la estación medioambiental. La REMS en realidad es un conjunto de sensores que están instalados en diferentes partes del Curiosity (dos de ellos van en ese característico mástil del vehículo que sujeta la cámara, que es como una cabeza con ojos, y el mástil podría parecer el cuello) y que toman datos cada hora del día, a un ritmo de un registro por segundo y por periodos de cinco minutos. Los datos se procesan en la estación de tierra situada en el Centro de Astrobiología (CAB). Desde la web del CAB (http://cab.inta-csic.es/rems/es/atmosfera-de-marte/?r=true), o simplemente tecleando REMS en Google, puedes acceder a estos datos.

El clima de otros planetas

En el resto de planetas del sistema solar no tenemos una estación meteorológica *in situ*, como ocurre en Marte, pero también podemos saber mucho de su clima y su meteorología a través de las observaciones con telescopios o de las sondas espaciales que se acercan a ellos en alguna misión.

El clima de los planetas depende sobre todo de la distancia a que se encuentren del Sol. Ya dijimos al principio de este libro que nosotros en la Tierra estamos justo en la distancia adecuada, ni demasiado cerca ni demasiado lejos, pero esa suerte no la tienen otros, y por tanto también es más difícil que la vida se abra paso en ellos, al menos la vida tal y como la conocemos. Cuanto más cerca del Sol, la temperatura será más alta, y cuanto más lejos, más fría. Pero también hay otros factores que determinan el clima de nuestros compañeros en el sistema solar, y son básicamente los mismos que configuran el que tenemos en la Tierra.

En primer lugar está la velocidad de rotación del planeta en cuestión, que va a determinar la duración del día y la noche; en segundo lugar, la inclinación del planeta sobre su propio eje de rotación, que es lo que determina que tengamos o no estaciones, y en tercer lugar están las características de la atmósfera, en el caso de que exista: según sea su densidad (más o menos ligera) y según su composición (con más o menos CO_2), así también será su clima.

El magnetismo de Mercurio

Mercurio es el planeta más pequeño del sistema solar y el más cercano al Sol. Su distancia media a nuestra estrella es solo de 58 millones de kilómetros. Nosotros en la Tierra, para que te hagas una idea, estamos a unos 150 millones de kilómetros del Sol. Mercurio es un planeta rocoso, como lo es la Tierra, pero apenas tiene atmósfera: eso nos diferencia. La cercanía al Sol hace que la temperatura media en la superficie de Mercurio sea de unos 430 °C. Pero como su atmósfera es muy muy débil y sin gases de efecto invernadero, hay muchos contrastes entre el día y la noche o entre zonas iluminadas y zonas de sombra: la temperatura en estas últimas, por ejemplo, puede bajar hasta los −180 °C.

Al no tener una atmósfera lo suficientemente densa tampoco tenemos lluvias, ni vientos ni otros fenómenos atmosféricos notables. Un hombre del tiempo se aburriría mucho en Mercurio. También viviría noches muy largas: su rotación (una vuelta completa sobre su propio eje) dura 59 de nuestros días terrícolas y su tiempo de traslación alrededor del Sol (lo que a nosotros nos lleva un año) es de 88 días. ¡En Mercurio solo hay tres días cada dos años! Gira muy lento sobre sí mismo y muy rápido alrededor del Sol.

Y como última curiosidad te diré que Mercurio es el único planeta rocoso junto a la Tierra que tiene un campo magnético como el que nos protege de la radiación cósmica, aunque mucho más débil.

Venus, el planeta más cálido

Venus es un planeta muy parecido a la Tierra en tamaño, pero con una atmósfera muy distinta: el aire allí es tóxico, denso y extremadamente caliente. Allí no podríamos vivir, desde luego. Se calcula que la temperatura media en su superficie ronda los 465 °C: hace más calor que en Mercurio, y eso que está más lejos del Sol. ¿Por qué? Porque la atmosfera de Venus está compuesta principalmente de dióxido de carbono, casi en un 96 % (y el resto, nitrógeno y otros

gases). Eso hace que exista un gran efecto invernadero y que casi todo el calor que producen los rayos del Sol se quede atrapado en el planeta, elevando la temperatura a valores extremos. Es el planeta más cálido de todo el sistema solar. Además, la atmósfera de Venus es más densa que la nuestra: la presión atmosférica en superficie es 90 veces la de la Tierra. Allí sería equivalente a la que tendríamos que soportar a casi un kilómetro bajo el mar.

En Venus hay nubes, pero tampoco es que sean muy agradables de ver... Son nubes compuestas de pequeñas gotas de ácido sulfúrico y que se encuentran a más de 60 kilómetros de altitud, formando como una espesa capa que filtran los rayos solares. Se calcula que solo un 25 % de la luz solar logra atravesar las nubes para llegar hasta la superficie, y el 75 % restante se refleja hacia el espacio exterior..., y por eso Venus brilla tanto: es el segundo objeto natural más brillante en el cielo nocturno después de la Luna, fácilmente visible a simple vista al amanecer o al atardecer: el lucero del alba, o el lucero vespertino.

Como curiosidad, tienes que saber también que este planeta posee el día más largo del sistema solar, equivalente a 243 días terrestres.

La Gran Mancha Roja de Júpiter

Júpiter está compuesto en un 90 % de hidrógeno y en un 10 % de helio. La intensidad de la luz solar que le llega es apenas un 5 % de la que llega a la Tierra, y eso que en Júpiter cabrían más de mil Tierras, por algo se le llama ¡Gigante! Júpiter tiene el día más corto de todos los planetas del sistema solar: solo tarda unas diez horas en dar una vuelta completa sobre su eje. Y tiene un aspecto muy peculiar visto desde fuera: hay bandas de nubes alternando con zonas claras donde el aire asciende con otras bandas oscuras de aire descendente. Son como autopistas por donde se van moviendo enormes ciclones y anticiclones, y, a su vez, ellas también se mueven. Como la rotación es tan rápida y hay fuertes vientos, estas bandas se desplazan a gran velocidad de forma paralela pero en direcciones opuestas, dando un aspecto muy dinámico y llamativo al planeta.

Y especialmente llamativa es la Gran Mancha Roja, un enorme ciclón en la atmósfera de Júpiter tan grande como la Tierra y donde pueden soplar vientos huracanados a 450 kilómetros por hora. Su característico color rojo que la hace visible incluso a través de pequeños telescopios se debe a reacciones químicas atmosféricas. Los astrónomos piensan que lleva ahí girando desde hace casi doscientos años.

El misterioso hexágono de Saturno

Saturno es el de los anillos, como seguro que sabes. Es el tercer planeta más alejado del Sol y el segundo más grande. Es otro gigante gaseoso: está compuesto principalmente de gases, sobre todo hidrógeno y helio, y carece de una superficie sólida, aunque su atmósfera se va haciendo más densa hasta convertirse en líquido a medida que te acercas a su núcleo. Como en Júpiter, también se desarrollan tormentas de gran tamaño en su atmósfera, y aquí tenemos otra tormenta colosal pero más blanquecina: la Gran Mancha Blanca de Saturno. Es uno de los fenómenos meteorológicos más grandes de todo el sistema solar. Aparece cada treinta años más o menos, coincidiendo con la llegada del verano al hemisferio norte del planeta, porque en Saturno hay estaciones, al igual que en la Tierra, pero cada estación dura más de siete años. Saturno tiene una densidad tan baja que, a pesar de su gran tamaño, si lo tirásemos en medio de un gigantesco lago, ¡flotaría!

Y, por último, en Saturno encontramos uno de los fenómenos más misteriosos y fascinantes del sistema solar: el gran hexágono del polo norte. Se trata de una especie de huracán..., pero con forma hexagonal. Es enorme: cada uno de sus lados sería como la distancia entre Madrid y Sídney, y es de una simetría geométrica tan perfecta que no se ha encontrado nada igual en el resto del sistema solar.

Urano, el más frío; Neptuno, el más ventoso

Urano y Neptuno son los últimos planetas del sistema solar conocidos como los «gigantes de hielo» debido a su composición rica en elementos más pesados que el hidrógeno y el helio, como

pueden ser el agua, el amoníaco o el metano…, y con un clima muy peculiar.

Urano pasa por ser el planeta más frío de todo el sistema solar, con una temperatura media en su atmósfera de alrededor de −224 °C. Hace todavía más frío que en Neptuno, y eso que este está más lejos del Sol. ¿Por qué? Porque Urano emite muy poco calor interno en comparación con los otros planetas gaseosos, pero las causas aún no se conocen muy bien. Sí se sabe, y esto también te puede resultar curioso, que Urano está muy inclinado sobre su eje, ¡casi tumbado podríamos decir! Y esto hace que vaya orbitando «de lado». Esto provoca que haya estaciones muy extremas: cada polo pasa casi 42 años expuesto al sol, y luego, a continuación, otros 42 años en completa oscuridad. Los vientos en las capas superiores de su atmósfera son relativamente suaves (entre 90 y 360 km/h) y las nubes están compuestas principalmente de metano congelado, lo que le da a este planeta ese color azul verdoso característico.

Neptuno es el planeta más alejado del Sol, pero no es el más frío, como hemos dicho. Se calcula que su temperatura media es de −214 °C. Puede que Neptuno pierda frente a Urano en la competición del frío, pero hay otro título en el que resulta campeón por goleada: tiene los vientos más rápidos de todo el sistema solar. En Neptuno el viento puede alcanzar velocidades de ¡2100 kilómetros por hora! Una auténtica pasada, y más teniendo en cuenta lo lejos que está del Sol. Además, son vientos que van al revés del sentido de rotación del planeta (vientos retrógados) en el ecuador, aunque se invierten en los polos.

El día en Neptuno dura 16 horas y el año, en cambio, es larguísimo: el equivalente a 165 años terrestres. Al igual que Urano, tiene un núcleo solido rocoso cubierto por una costra helada y alrededor una atmósfera gruesa y espesa compuesta de hidrogeno, helio y metano. El metano es el que le da ese color azulado similar al de su vecino. Neptuno no es el planeta más frío porque irradia más del doble de energía de la que recibe del Sol, lo que sugiere que tiene algún tipo de fuente de calor interna que los científicos intentan averiguar. Esa energía que desprende también hace que tenga una mayor actividad climática que Urano, con numerosas y violentas tormentas. De nuevo nos encontramos aquí grandes estructuras similares a la Gran Mancha Roja de Júpiter, pero que aparecen y desaparecen, como la Gran Mancha Oscura, observada por la sonda Voyager 2 en 1989..., la única nave que ha visitado por ahora este planeta tan alejado, oscuro y ventoso.

Tormentas en el espacio

Aparte de las que tenemos en los planetas, ¿sabías que siempre hay tormentas en el espacio? No son de lluvia ni de nieve, sino de vientos y ondas magnéticas que se desplazan por el espacio. Estas son conocidas como tormentas geomagnéticas o clima espacial. A veces alcanzan la Tierra o la atmósfera superior de la Tierra, y entonces pueden afectar a las comunicaciones, los satélites o las redes eléctricas.

El Centro de Predicción del Clima Espacial (SWPC) de la NOAA, en Estados Unidos, ofrece pronósticos de tormentas solares, de manera muy similar a como un servicio meteorológico puede pronosticar las del clima aquí en la Tierra. Según cuentan en su web, los pronosticadores del SWPC utilizan instrumentos y satélites terrestres para monitorear el Sol en busca de cambios y emitir alertas, advertencias y avisos para eventos meteorológicos espaciales peligrosos. Al igual que existen categorías que se utilizan para clasificar los huracanes, también existen escalas de clima espacial para comunicar la gravedad de las tormentas meteorológicas espaciales.

Para predecir estas tormentas, los pronosticadores observan el Sol en busca de erupciones solares y eyecciones de masa coronal.

Las erupciones solares son explosiones masivas en la superficie del Sol. A menudo surgen cerca de manchas solares y liberan un amplio espectro de fotones como rayos X, luz visible y luz ultravioleta. Las tormentas solares más grandes surgen de eyecciones de masa coronal (CME). Una CME es una enorme burbuja de plasma expulsada por el Sol; contiene miles de millones de toneladas de partículas solares de rápido movimiento, así como el campo magnético que las une. Si una CME impacta en la Tierra, puede causar tormentas geomagnéticas importantes. Las eyecciones de masa coronal tardan entre uno y varios días en llegar a la Tierra; en cambio, las erupciones solares pueden llegar a la Tierra en minutos u horas y afectar a las comunicaciones de radio y GPS.

Consecuencia del clima espacial: las auroras boreales

Alrededor de la Tierra, como ya sabemos, existe un campo magnético que nos protege de las tormentas solares. Pero cuando las partículas de una tormenta solar llegan a la magnetosfera de la Tierra, interactúan con el campo magnético terrestre, creando tormentas geomagnéticas. Estas tormentas pueden causar fluctuaciones de las corrientes eléctricas en el espacio y dañar las redes de trasmisión de electricidad en la Tierra. También pueden producir interrupciones en las emisiones de radio y problemas en los sistemas que dependen de los satélites. Y cada vez hay más: sistemas de posicionamiento o GPS, teléfonos móviles, televisión por satélite, predicciones meteorológicas, sistemas de vigilancia o rescate... Una gran tormenta geomagnética puede ser un gran problema para la sociedad actual.

Pero el clima espacial y sus tormentas también tienen un lado positivo y realmente bello: las auroras. Cuando los electrones y protones que tenemos flotando alrededor de la Tierra son energizados por estas perturbaciones solares, pueden seguir el campo magnético de la Tierra que los conduce hacia los polos magnéticos norte y sur. Allí llegan estas partículas «alteradas», podríamos decir, y chocan con las moléculas atmosféricas, a las que energizan de tal modo que brillan de una manera especial. Y entonces en el cielo surgen unas llamativas luces de colores que parecen bailar al son del firmamento.

Los colores de las auroras pueden ser verdes, azules, amarillos o rojizos, y dependen de varios factores, como los gases atmosféricos cercanos, la energía de las partículas cargadas o la altitud a la que se produzca la interacción de unos y otros. El verde es el color más común de las auroras y es causado por la excitación de átomos de oxígeno a altitudes de entre 100 y 300 kilómetros sobre la superficie de la Tierra. El color azul es cuando se encuentran con nitrógeno en la atmósfera y el rojo resulta también de la interacción con el oxígeno, pero en altitudes superiores a los 300 kilómetros. A veces hay distintos gases y tienen distintos colores, por ejemplo en la parte inferior de algunas auroras donde pueda abundar el nitrógeno, y aparecen como ribetes de color púrpura. Una auténtica pasada.

Las auroras que se ven en el polo norte se llaman «auroras boreales» y las que se ven cerca del polo sur, «auroras australes». Pero a veces, cuando la tormenta solar es muy potente y genera una gran tormenta geomagnética, se pueden ver auroras lejos de su lugar habitual, es decir, lejos de los polos. La tormenta solar de 1859 —conocida como «el evento Carrington»— afectó los sistemas de telégrafos en Europa y América del Norte, pero también provocó que pudieran verse auroras ¡incluso en el Caribe!

Aquí, en España, también hemos tenido auroras boreales en alguna ocasión, pero muy tenues y muy poco observadas..., hasta que llegó el año 2024, cuando se vieron auroras boreales en dos ocasiones distintas. ¡Dos noches espectaculares, históricas, en las que se vieron desde Galicia hasta Almería, desde Cataluña hasta las islas Canarias! La primera de ellas fue la noche del 10 al 11 de mayo, tras una tormenta geomagnética de gran intensidad. En las noches posteriores también se vieron algunas, remanentes de esa tormenta, pero nada que ver con la de aquel viernes. Y luego, cinco meses después, en la noche del 10 al 11 de octubre, la segunda. Aquella tormenta geomagnética había sido prevista con antelación y muchos aficionados vieron la alerta en su *app*, de modo que pudieron salir con sus cámaras a «cazar» la posible aurora. Y no les defraudó.

Para asombro de muchos, pudo verse a simple vista, mejor que la vez anterior: un llamativo color rojo destacó sobre el oscuro lienzo de la noche durante más de diez minutos.

Auroras rojas, y no verdes o de múltiples colores, como las que suelen verse en Islandia, Noruega o Finlandia, o como las que aquella misma noche de octubre, pudieron observarse también en esos lugares del círculo polar ártico. Pero, eso sí, fueron un espectáculo que seguro que quienes tuvieron la suerte de verlo nunca olvidarán porque, además, esta vez no ocurrió en esos lugares tan alejados, sino que tuvimos la gran suerte de ver auroras boreales al lado de casa.

Averiguar el futuro

¿Qué te parece si te digo que ahora viene la parte más interesante? ¡Justo cuando estamos llegando al final! Y precisamente por eso: todo que hemos contado en capítulos anteriores nos sirve, en realidad, como preparativo para lo que viene ahora.

La parte más interesante, más increíble y más difícil de la ciencia meteorológica es asomarse al futuro, anticipar qué puede pasar mañana en el tiempo. O la semana que viene, o dentro de tres meses. ¡Eso es ver el futuro! Y sin bola de cristal ni máquina del tiempo que valga: solo con ciencia.

Para saber qué tiempo hará mañana o conocer el clima del futuro, los científicos aprovechan sus conocimientos sobre cómo se comportó el clima en el pasado —«Los detectives del clima (I).

Tiempos remotos»— y las observaciones de la situación atmosférica actual mediante los instrumentos y métodos que han desarrollado a lo largo de los siglos —«Los detectives del clima (II). El tiempo de los descubrimientos»— para elaborar, con toda esa información y conocimientos, un pronóstico fiable del tiempo que nos espera por delante. Así funciona básicamente la ciencia predictiva. ¡No me digas que no es de lo más interesante! ¡Poder averiguar el futuro! Y la manera en que lo hacen es lo que te voy a contar en esta tercera y última entrega de «Los detectives del tiempo».

Observar y calcular

Las predicciones meteorológicas se basan en una combinación de observaciones y de cálculos matemáticos. Con la observación sabemos cómo está la atmósfera en la actualidad, es decir, la situación de la que partimos: una «foto» de las condiciones atmosféricas iniciales. Para ello hay que recopilar muchos datos sobre temperatura, presión, viento, estado del cielo, etc. Enseguida te cuento más detalles sobre esto, pero ahora quédate con esta idea fundamental: cuánta más información podamos recopilar de la atmósfera en un momento dado, mayor «definición» va a tener nuestra foto. Es decir, cuantos más datos obtengamos, más ajustado será nuestro retrato a lo que es la realidad.

Eso por un lado. Por otro lado, sabemos cómo funciona esa realidad: la dinámica de la atmósfera. El aire es un fluido y sabemos cómo se mueven los fluidos o qué ocurre si se calientan o se enfrían; sabemos cómo se comporta el agua o el aire cuando hay un intercambio de calor... Gracias a todo lo que averiguaron Torricelli, Pascal, Newton y tantos otros es posible describir lo que ocurre en la atmósfera a través de ecuaciones de la física.

Lo que ocurre es que esos cálculos son muy complejos —la atmósfera también lo es— y se agrupan en lo que se llaman «modelos meteorológicos»: un sistema de ecuaciones matemáticas y físicas que describe el comportamiento de la atmósfera. Estas ecuaciones, basadas en las leyes de la física, nos van a permitir simular el comportamiento futuro de esas condiciones atmosféricas iniciales. Y así es como obtenemos otra foto, gracias a los resultados de esos modelos matemáticos: la foto de la situación atmosférica del futuro, o lo que es lo mismo, una previsión del tiempo que hará.

Cálculos en el tiempo

Esto de usar ecuaciones matemáticas para predecir el tiempo se empezó a hacer en el siglo pasado. A comienzos del siglo XX, un científico noruego, Vilhem Bjerknes, propuso que se podían aplicar las matemáticas a la atmósfera para predecir su evolución a partir de unas condiciones iniciales. Pero entonces no había manera de hacer los cálculos necesarios o, mejor dicho, se tardaba mucho tiempo en hacerlos todos, de modo que cuanto terminaban y se obtenía un resultado... ¡ya se había pasado el día que querían predecir! Eso es lo que le ocurrió al señor Richardson.

Lewis Fry Richardson fue un matemático inglés nacido en 1881 que se empeñó en averiguar el tiempo que haría el día siguiente a través de cálculos numéricos, que para eso era matemático, digo yo... Y resulta que también era un buen observador. Durante la primera guerra mundial se ofreció como voluntario para conducir ambulancias en el frente de Francia. Allí fue perfeccionando sus ecuaciones matemáticas en las que incluía los datos del tiempo que iba recabando en sus viajes. Cuando acabó la guerra publicó un ensayo titulado *Predicción meteorológica por proceso*

numérico (1922) que se considera el primer manual de la predicción matemática que se usa actualmente. Solo que a él le fallaba la capacidad para obtener resultados de forma que fuera un método útil: para calcular el tiempo que iba a hacer dentro de 6 horas necesitaba estar calculando ¡durante 6 semanas! Así servía de poco, la verdad. En su libro reconoce que «harían falta 64.000 personas trabajando por turnos para prever el estado de la atmósfera con mayor rapidez que la de su evolución real». O sea, para poder decir qué tiempo hará un día concreto... antes de que llegue ese día, y no cuando ese día ya hubiera pasado. Richardson también pronosticó que «en un futuro no muy lejano será posible que los cálculos sean más rápidos que lo que el tiempo meteorológico cambia». Y ese futuro llegó cuando se desarrolló la informática y se inventaron los ordenadores, capaces de calcular a gran velocidad y de procesar todos esos datos para, ahora sí, poder obtener un pronóstico meteorológico basado en la resolución de ecuaciones. Richardson murió el 30 de septiembre de 1953 y no alcanzó a verlo, pero su sueño se cumplió y en la actualidad las predicciones del tiempo se hacen de esa manera... y cada vez mejor, gracias a ordenadores más potentes y rápidos.

Rastrear el tiempo

La evolución tecnológica también ha permitido avanzar en la manera de recopilar datos y de compartirlos, y así poder tener una idea cada vez más precisa del estado inicial de la atmosfera. Como te he dicho antes, este es un aspecto clave para disponer de un pronóstico certero: cuanto mejor y con más detalle sepamos el tiempo que tenemos ahora, mejor y más fiable será el pronóstico del tiempo que tendremos en el futuro.

Los datos básicos que nos permiten hacer nuestra «foto» del estado actual de la atmósfera son temperatura y humedad del aire, presión atmosférica, velocidad y dirección del viento, nubosidad y precipitación (estado del cielo), y horas de sol y radiación solar. Todos esos parámetros, y en los distintos niveles de la atmosfera: superficie, capas medias, niveles altos... Para rastrear el tiempo presente con todo detalle tenemos las múltiples estaciones meteorológicas repartidas por muchos lugares, algunas con garitas meteorológicas que albergan los termómetros de máxima y mínima, por ejemplo —que un observador visita diariamente para apuntar los datos—, y otras completamente automatizadas que van trasmitiendo los datos directamente. Con ellas sabemos con exactitud cómo es el tiempo en ese lugar y, por tanto, cuantas más tengamos

repartidas por una zona más fiel a la realidad podrá ser el retrato atmosférico de esa zona. Hay también sensores en el mar, en boyas y barcos, que recopilan esos datos en mitad del océano, junto a otros como la temperatura del agua o el estado del mar. Para recoger esta información, pero en otros niveles de la atmósfera —es decir, a mayores alturas— disponemos de globos meteorológicos que se lazan periódicamente y van provistos de sensores que recogen esos mismos datos (temperatura, humedad, presión, viento), pero en diferentes altitudes. A esto contribuyen también muchos aviones que recogen información mientras vuelan y, por último, la inestimable aportación de los satélites meteorológicos que desde ahí arriba no solo permiten observar las nubes en acción, sino que también realizan mediciones muy valiosas con los múltiples y sofisticados instrumentos que llevan a bordo.

Todo este conjunto de datos es lo que nos permite obtener una imagen global del estado de la atmósfera, que se transmite a los centros meteorológicos para que sus superordenadores puedan trabajar con ella aplicando las ecuaciones matemáticas.

Modelos numéricos

Podríamos decir que ese conjunto de datos del tiempo actual es el alimento de los modelos numéricos, la materia prima con la que van a trabajar los computadores meteorológicos. Estos modelos matemáticos se basan en las leyes de la física, como el movimiento de los fluidos y el intercambio de calor y, a partir de los datos que reciben, simulan cómo puede cambiar la atmósfera con el transcurrir del tiempo.

Un modelo procesa esos datos observados en una rejilla o cuadrícula tridimensional que representa diferentes capas de la atmósfera y puntos en la Tierra. Los puntos de la cuadrícula no son los puntos donde se realizaron observaciones meteorológicas, sino un conjunto de ubicaciones generadas por ordenador que intentan representar las condiciones de una zona. En cada punto de cuadrícula, el programa informático va a ejecutar los cálculos del modelo para generar una previsión numérica para esa ubicación. Este proceso se repite para cada punto de cuadrícula hasta que se hayan realizado cálculos para toda la cuadrícula. Es decir, para cada uno de esos puntos, el modelo tiene que calcular cómo cambian esas variables en las próximas horas o días, y para ello se requieren supercomputadoras muy potentes capaces de procesar millones de cálculos para cada paso, hasta billones de cálculos por segundo.

Y es que tienes que tener en cuenta que se abren múltiples posibilidades en cada punto de la rejilla, y cada uno puede «tirar por su lado». De hecho, los meteorólogos suelen trabajar en lo que llaman «predicciones por conjuntos»: se realizan varias ejecuciones de modelos, cada una con diferentes parámetros (una pensando que el viento va a soplar a 40 km/h, por ejemplo. y otra con un viento inicial de 10 km/h, etc.). El conjunto completo de estas previsiones ofrece una gama de los posibles estados futuros de la atmósfera.

Los modelos más populares

Ya hemos visto las tres partes integrales de cualquier modelo de pronóstico del tiempo: los datos meteorológicos, una ecuación matemática que simule las interacciones de diferentes condiciones climáticas en la atmósfera y una adecuada potencia computacional para ejecutar los cálculos.

Hay dos modelos meteorológicos muy populares que se usan mucho y que se pueden consultar libremente en internet, algo que apasiona a los aficionados del tiempo, que pueden hacer sus pronósticos a partir de ellos. Uno es el modelo global, usado por Estados Unidos, que se llama GFS (*Global Forecast System*). El otro es el modelo europeo, el ECMWF (Centro Europeo para las Previsiones Meteorológicas a Plazo Medio), que es un modelo global muy preciso en el que basa sus predicciones, por ejemplo, la AEMET (Agencia Española de Meteorología). Popularmente a uno se le llama el modelo americano y el otro es el europeo. El GFS se actualiza cuatro veces al día y pronostica hasta dieciséis días. El ECMWF se actualiza dos veces al día y genera un pronóstico a diez días, pero tiene una resolución más alta que el GFS (es decir, tiene más puntos de cuadrícula en su rejilla).

Los modelos meteorológicos son simulaciones informáticas de la atmósfera para obtener una previsión meteorológica, pero eso no significa que en esta ciencia todo lo hagan los ordenadores, ni mucho menos. En primer lugar, porque son científicos los que diseñan las ecuaciones de los modelos matemáticos y son también ellos quienes desarrollan el *software* necesario y ajustan los algoritmos tras las pruebas para ver cuáles dan como resultado la previsión meteorológica más precisa. Y en segundo lugar —y último del proceso predictivo—, porque una vez obtenido el resultado de esos cálculos, los meteorólogos se encargan de comparar las conclusiones de unos y otros y darán más valor a un resultado frente a otro basándose en sus conocimientos y experiencia. Y aun así, a veces la previsión no se cumple. Pues bien, con lo que has aprendido ya estás en condiciones de enfrentarte a esa inquietante, pero pertinente pregunta que alguna vez habrás escuchado (yo miles de veces): «Y entonces, ¿por qué fallan las previsiones?».

¿Por qué fallan las previsiones?

Más que hablar de fallos o de aciertos lo más exacto en este ámbito sería decir... por qué a veces las previsiones no son «exactas». Si todos los pasos son correctos, por qué no ocurre lo que dice el modelo. Pues, precisamente, porque alguno de los pasos no ha sido lo suficientemente preciso... o podría haberlo sido más.

Primero hay que tener en cuenta que la atmósfera es muy compleja: hay muchos factores que influyen en el clima y nunca vamos a tener datos de todos. Tenemos una representación de la realidad lo más fiel posible, pero NO es la realidad: tiene una resolución limitada. En esas cuadriculas o rejillas cada punto representa algunos kilómetros, pero también hay distancias más pequeñas que el modelo no pilla y el relieve, con las montañas o los valles, tampoco se representa con el cien por cien de exactitud. Esas incertidumbres en esas áreas pequeñas se van acumulando con el paso del tiempo y reducen la precisión de las predicciones a largo plazo.

Segundo: cualquier variación, por mínima que sea, en las condiciones iniciales puede llevar a grandes cambios en las predicciones finales. Esto es lo que se conoce como «efecto mariposa», una idea que se popularizó gracias al matemático y meteorólogo Edward Lorenz: pequeñas diferencias o errores en los datos actuales pueden amplificarse con el tiempo, haciendo que las predicciones sean menos precisas. Es como en esos parques acuáticos donde hay una atracción formada por varios toboganes iguales, situados uno al lado de otro, por los que pueden bajar seis amigos a la vez. Se tiran los seis al mismo tiempo, cada uno por un tobogán que es igualito al de al lado... pero ninguno baja igual. Y es que uno se impulsó con más fuerza, otro no se dio tanto impulso; otro se tiró más a la derecha, otro entró más centrado... y van bajando cada uno a su manera. Y, además, durante el descenso pueden producirse más cambios: el que baja pegado a la derecha va y se encuentra un bache en el tobogán, que no se habría encontrado de haber bajado más centrado... y así indefinidamente. En el caso del parque de atracciones los toboganes tienen un recorrido fijo, pero en el caso de la atmósfera no. Imagina que hay un error muy pequeño en la medición de la temperatura o del viento en un lugar remoto; puede ser un error insignificante, pero al simular cómo evolucionará la atmósfera en los próximos días ese pequeño error puede crecer y afectar a las predicciones futuras. Es lo que se llama la física del caos. Pequeñas variaciones pueden producir grandes cambios. Por eso las predicciones pueden ser muy pre-

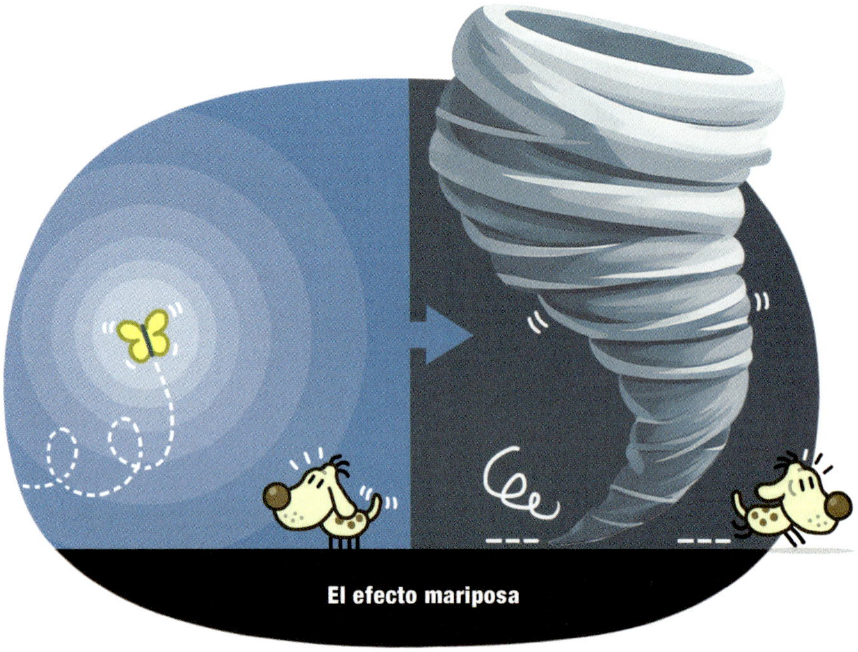

cisas a uno o dos días, pero conforme se avanza en el tiempo las pequeñas variaciones en las condiciones iniciales se amplifican y pueden llevar a escenarios muy diferentes, y por eso a un plazo más largo se hace más difícil «acertar».

Y tercero, y último: por muy potente que sea el superordenador, los cálculos también se pueden quedar cortos. Hay fenómenos meteorológicos que se resisten más que otros a ser «encerrados» en una fórmula matemática. Sabemos las condiciones para que se pueda dar una tormenta, pero todavía es difícil calcular la hora exacta o el lugar preciso en los que se producirá dentro de un área más o menos grande. Se necesita saber más sobre los tornados, las tormentas eléctricas o las nevadas intensas para poder predecirlas mejor.

Pero tú ya sabes mucho. Y, desde luego, sabes mucho más que cuando empezaste a leer este libro. La culpa la tiene tu curiosidad, ¡afortunadamente! Ya eres todo un detective del clima. Y como buen detective habrás deducido que, si el cálculo matemático es fundamental para mejorar la exactitud de las previsiones, cuanto más progresemos a la hora de calcular, mejores pronósticos tendremos. Elemental, querido Watson. Sí... pero no es tan sencillo. A partir de un momento la cosa se complica mucho más y puede que ese momento sea el que estemos viviendo justo ahora, con el incipiente desarrollo de la inteligencia artificial, la IA. A eso vamos a dedicar nuestro próximo —y último— capítulo: vamos a echar un vistazo al futuro para ver cómo podría ser el clima que tendremos y cómo nos puede ayudar la IA a tener pronósticos más certeros.

CUARTA PARTE

El clima del futuro

1

¿NOS PUEDE AYUDAR LA IA?

Cuando yo nací no existía internet. Cuando era niño no existían las redes sociales, ni incluso cuando era joven. Y ahora, ya de mayor (aunque tampoco mucho), vivo en un mundo que no se entendería sin internet ni redes sociales. Cuando mis padres nacieron no existía la televisión. Cuando tenían veinticinco años se emitió por primera vez un programa en la televisión española y, a partir de ahí, su manera de informarse y entretenerse giró en torno a la tele el resto de sus vidas..., y hasta un hijo suyo se ha ganado la vida trabajando en ella: yo.

¿Y tú? Cuando tú naciste no existía la inteligencia artificial, al menos no con la popularidad que tiene ahora. Es a partir de la segunda década de este siglo XXI cuando la IA ha recibido un impulso que parece imparable. Si naciste en 2010, o por ahí, podemos decir que la IA y tú habéis nacido a la vez... Y en tu futuro estará tan presente como la tele en el de mis padres o como internet en el mío. O más. Parece conveniente, por tanto, empezar a familiarizarnos con algo con lo que seguramente vivamos el resto de nuestras vidas, aunque ahora estemos solo en el comienzo.

Pequeña historia de la IA

Es ahora recientemente cuando ha empezado a popularizarse la IA, pero su estudio teórico viene desde más lejos. El año 1956 se considera el del «nacimiento» oficial de la IA como campo de estudio —curiosamente, es el mismo año en que se produce la primera emisión oficial de televisión en España, el 28 de octubre de 1956—. Para la historia de la IA es muy importante el verano de ese año, porque es cuando se celebró en New Hampshire (Estados Unidos) la conferencia de Dartmouth, donde John McCarthy, un joven profesor de matemáticas, acuñó el término «inteligencia artificial». El objetivo era crear máquinas que pudieran imitar el pensamiento humano, como por ejemplo la resolución de problemas «hasta ahora reservados a los seres humanos». Y también máquinas «que mejoren por sí mismas», decía la declaración fundacional de aquel encuentro, que redactaron McCarthy y sus colegas científicos. Hasta entonces este campo de las «máquinas pensantes» había recibido varios nombres: cibernética, teoría de los autómatas o procesamiento complejo de la información. En esta conferencia de Dartmouth es donde por primera vez se habla de «inteligencia artificial».

Durante varias décadas, hasta los años 70 del siglo pasado, los investigadores se enfocaron en construir máquinas que pudieran

realizar tareas basadas en reglas lógicas y símbolos. Sin embargo, estas aproximaciones tenían dificultades para manejar problemas complejos del mundo real, que son más desordenados y no siempre siguen reglas claras. A partir de los años 80, sin embargo, se desarrollaron los «sistemas expertos», que eran programas diseñados para simular el conocimiento y el razonamiento de expertos humanos en campos específicos. Este enfoque tuvo cierto éxito en aplicaciones industriales y médicas.

En el año 1997 llega otro hito simbólico para el desarrollo de la inteligencia artificial: una máquina, el ordenador Deep Blue (de IBM), se enfrenta al campeón mundial de ajedrez Garri Kasparov, considerado el mejor jugador de ajedrez de todos los tiempos..., y le gana. Las computadoras empezaban a ser lo suficientemente poderosas para procesar grandes cantidades de datos, y los algoritmos se volvieron más efectivos.

Y así llegamos al siglo XXI y estas primeras décadas, donde la IA recibe un impulso fundamental. El avance más reciente en este campo ha sido el desarrollo de redes neuronales profundas y el llamado «aprendizaje profundo» (*deep learning*), impulsado por la capacidad de procesar enormes cantidades de datos (gracias al *Big Data*) y la potencia de las GPU (unidades de procesamiento de gráficos). En 2016, AlphaGo, otra máquina, derrotó al campeón mundial de Go, un juego mucho más complejo que el ajedrez. Otra gran victoria de la IA. Y partir de ahí todo se acelera. En junio de 2020 la empresa OpenAI presenta GPT-3, el modelo sobre el que se basa la mayoría de las aplicaciones actuales de ChatGPT. Es capaz de generar texto, responder preguntas, crear resúmenes, escribir código, entre otras muchas tareas. ChatGPT, como un servicio directo para el público, nació oficialmente en noviembre de 2022, que fue cuando OpenAI lanzó el chatbot al público.

Hoy en día la IA continúa expandiéndose rápidamente en diversas áreas, como la visión por computadora, el reconocimiento de voz y el procesamiento del lenguaje natural. Se están desarrollando sistemas que pueden aprender y tomar decisiones en un espectro más amplio de tareas. Sin embargo, también hay preocupaciones sobre la ética de la IA, los sesgos algorítmicos y su impacto en el empleo.

Y sirva de ejemplo que todos estos datos que os cuento sobre el famoso ChatGPT... me lo ha contado él. Le he preguntado por la historia y el futuro de la IA para obtener los datos y luego lo he redactado y ordenado yo para escribirlo aquí, salvo el último párrafo, que lo he transcrito tal cual me ha respondido. Y ahí precisamente entran esas dudas éticas que él mismo contaba al final del párrafo: ¿podemos entregarnos de esta manera al chat?, ¿podemos fiarlo todo a la IA? ¿Son sus respuestas intencionadas en alguna dirección que no conocemos? Esas dudas también están ahí y, junto a la

preocupación por las posibles pérdidas de puestos de trabajo, irán acompañando el desarrollo de la IA en nuestra sociedad durante los próximos años. Y hay que tener en cuenta que son máquinas que se mejoran «a sí mismas», como decía aquel manifiesto fundacional de 1956. Mientras tanto, vamos a preguntarle por lo nuestro, que para eso hemos llegado hasta aquí: ¿cómo nos puede ayudar la IA con las previsiones meteorológicas? Y ¿podrías explicarlo para que lo entendiera un chico o una chica de unos doce años?

La IA y la previsión del tiempo

Le pido a ChatGPT-4 que, por favor, me haga un informe sobre cómo la IA nos podría ayudar a mejorar las previsiones meteorológicas y la ciencia climática en general. En su respuesta, después de hacer una pequeña introducción sobre la importancia de la meteorología para la sociedad moderna y «sectores vitales de la misma», me dice:

> Con los avances en la IA y el aprendizaje automático (*machine learning*), los investigadores y meteorólogos están encontrando formas más precisas y eficientes de modelar fenómenos meteorológicos, predecir patrones climáticos y comprender mejor los impactos del cambio climático a largo plazo. La capacidad de la IA para manejar grandes cantidades de datos y descubrir patrones ocultos ha abierto nuevas posibilidades en este campo.

El señor McCarthy podrá ser el padre de la IA, pero ¡parece que no tiene abuela!

Como ya sabes —lo contamos en la tercera parte de nuestro manual para detectives del clima—, los sistemas de predicción meteorológica que usamos utilizan ecuaciones físicas para simular el comportamiento de la atmósfera: los modelos matemáticos de previsión. Y como son modelos que usan una gran cantidad de datos y requieren una gran capacidad de cálculo, la llegada de la IA los va mejorar en ambos sentidos. Pero además puede manejar otro gran volumen de datos, para aprender a partir de ellos y crear su propio sistema de predicción. Ella lo cuenta así:

> Los enfoques modernos están integrando IA con modelos numéricos tradicionales para mejorar la precisión de las predicciones. Por ejemplo, redes neuronales profundas y redes neuronales convolucionales (CNN) pueden complementar los modelos físicos al aprender a partir de grandes volúmenes de datos históricos y mejorar las predicciones en áreas donde los modelos tradicionales tienen problemas, como en tormentas o huracanes [...]. [Además,] los algoritmos de IA pueden generar predicciones de alta resolución espacial y temporal a partir de conjuntos de datos complejos, mejorando la precisión de las previsiones a nivel local y en intervalos de tiempo más cortos.

Ese es el objetivo: ser más precisos cuando te preguntan dónde va a llover y a qué hora. Nos acercaremos a una respuesta más precisa, pero tampoco es que la vayamos a tener ya mismo.

Pregunto a continuación por algún caso más concreto, como por ejemplo los que ella misma citaba: huracanes y tornados. En el caso de los huracanes, me informa de que ya se está usando la IA «aplicando algoritmos de aprendizaje profundo para mejorar la predicción de la trayectoria y la intensidad de los huracanes, proporcionando alertas más precisas y oportunas. Modelos como los de Google DeepMind están entrenados en datos históricos y simulaciones de huracanes para prever mejor su evolución». Y, en el caso de los tornados, es verdad que ahora es imposible decir dónde se va a producir uno con exactitud, pero se ha mejorado mucho en las alertas tempranas en estos últimos años al manejar muchos datos de los satélites y sobre todo del radar, que es la mejor herramienta que tenemos para identificar si una nube de tormenta puede acabar produciendo algún tornado. Y aquí se puede usar la IA y su rapidez de cálculo para que los meteorólogos puedan analizar esos datos en tiempo real, «lo que les permite identificar condiciones propicias para la formación de tornados antes de que ocurran». Esto va a ser una gran e inmediata mejora en el pronóstico.

La IA y la ciencia del clima

Me intereso ahora por el largo plazo, más allá de la predicción del tiempo: qué aplicaciones puede tener la IA en la ciencia climática. Y aquí de nuevo podemos decir que la IA sabe venderse muy bien, la verdad:

> Los modelos climáticos tradicionales, aunque útiles, son extremadamente complejos y requieren una gran cantidad de poder computacional. La IA está ayudando a reducir la incertidumbre en las proyecciones climáticas a largo plazo. Algoritmos de aprendizaje automático pueden analizar las salidas de múltiples modelos climáticos y ayudar a mejorar la precisión de las proyecciones sobre el calentamiento global, el aumento del nivel del mar y otros impactos climáticos.

Toma ya. ¿Por qué no habrás aparecido antes?

Es cierto que la queja tradicional de los científicos que estudian el clima es la complejidad de los cálculos: no solo es que estemos hablando del clima de dentro de muchos años —y hay que ver lo que puede pasar desde ahora hasta entonces—, sino que hay que ver cada una de esas modificaciones en cada uno de los parámetros que se estudian:

- con esta temperatura inicial tenemos esta salinidad en el mar, y entonces podremos tener más precipitaciones en estas zonas y menos en estas otras...

→ ... pero con esta otra temperatura nos sale una salinidad distinta, y entonces hay que calcular de nuevo cuáles serán las zonas de precipitación...

→ ... y si ese era el resultado que teníamos para dentro de cinco años, como ahora ha cambiado, pues hay que volver a calcularlo todo...

→ ... y, con lo que nos salga, ver cómo cambia lo siguiente...

Y así todo.

Cualquier facilidad para el cálculo supone un avance, y la IA tiene mucha, pero que mucha facilidad para calcular.

Y es ahora cuando le pregunto si me puede explicar todo para que lo entienda más fácilmente una persona de doce años, y mira con lo que me sale:

> ¡Claro! Imagina que la IA es como un superdetective que ayuda a los meteorólogos (los científicos del clima) a adivinar cómo estará el tiempo.

¡Nuestros detectives vuelven a entrar en acción! Y es que nosotros también somos inteligentes, naturalmente... Y ¿cómo funciona la IA para el clima?

> **Primero recoge pistas:** junta un montón de información, como si fueran pistas de un misterio. Datos de satélites (esas fotos grandes del planeta Tierra desde el espacio), sensores en la tierra, en el mar o en aviones que miden cosas como la temperatura, el viento y la lluvia. Y luego además recoge información de años anteriores (como leer un diario del tiempo). Con todos estos datos la IA **aprende**

de lo que pasó antes: estudia millones de ejemplos del clima pasado para entender qué suele pasar cuando ocurren ciertas cosas. Y con toda esa información, la IA calcula si hará sol, lloverá o habrá tormenta o incluso un huracán. Es más rápida que los humanos porque puede resolver millones de cálculos en segundos. Además, también **ayuda a tomar decisiones:** Por ejemplo:

- Avisar si viene una tormenta fuerte para que las personas estén preparadas.
- Decir a los agricultores si lloverá para que cuiden sus plantas.
- Ayudar a los aviones y barcos a elegir rutas más seguras.

Con eso seguro que lo has entendido perfectamente, pero yo también te lo quiero explicar a mi manera por si te pregunta alguien más mayor o se lo quieres contar a él; es un poco más complejo, pero el tema lo requiere. Y es que se trabaja con IA para confeccionar modelos meteorológicos propios. A finales de 2023 Google DeepMind (la división de Google para la IA) presentó GraphCast, un modelo que predice en un minuto el tiempo que hará en todo el planeta dentro de diez días. Veamos cómo funciona.

Así se hace una previsión con la IA

El sistema de Google no hace las previsiones como los modelos numéricos que usamos ahora y que hemos explicado anteriormente. Es casi al revés.

Lo que hace el DeepMind de Google es recoger todos los datos climatológicos registrados y ver qué tiempo ha hecho cuando se dan unas determinadas circunstancias. Luego le metes al ordenador el tiempo actual, y basándose en el aprendizaje automático y las redes neuronales, te hace una previsión del tiempo que hará dentro de seis horas. Es decir, no aplica unas ecuaciones que intentan replicar el funcionamiento de la atmosfera, sino que tiene un conocimiento del tiempo que ha hecho cuando se han dado esas mismas circunstancias, y lo aplica a estas. Una especie de aprendizaje causa-efecto. Lo que también se conoce como *machine learning*.

Los datos que usa este tipo de modelos son de dos clases. Por una parte, los que tiene en su base de datos y que utiliza para su aprendizaje y, por otro, los que le vamos a introducir ahora para obtener nuestro pronóstico. Los primeros son una base de datos enorme: todos los datos meteorológicos que guarda el archivo del Centro Europeo (ECMWF) desde 1979: cuatro décadas de datos meteorológicos históricos para aprender qué relaciones causa-efecto gobiernan el clima de la Tierra. Respecto a los datos que hay que introducir, son dobles: tienes que contar el estado del tiempo hace seis horas y el estado del tiempo actual. Y el modelo te da una previsión para dentro de seis horas..., y así de seis en seis, hasta los diez días.

También aquí hay una rejilla —esa división que se hace de toda la Tierra para que esté representada en nuestro modelo—, y en este caso se trata de más de un millón de puntos de entrecruzamiento que cubren toda la superficie de la Tierra. En cada punto el modelo predice cinco variables de la superficie terrestre (incluidas temperatura, velocidad y dirección del viento, y presión media al nivel del mar) y seis variables atmosféricas en cada uno de los 37 niveles de altitud (como humedad específica, temperatura, y velocidad y dirección del viento).

¿Y el resultado es mejor o peor que el modelo tradicional de ecuaciones físicas? Si queremos comparaciones, Google las ha hecho: su GraphCast proporcionó predicciones más precisas en más del 90 % de 1380 variables de prueba, respecto al que se considera el mejor modelo actual, el Pronóstico de Alta Resolución (HRES) del Centro Europeo. Aparte, es mucho más rápido y requiere menos *hardware*: GraphCast realiza pronósticos a diez días en menos de un minuto en una sola máquina, similar a un ordenador personal, mientras que los modelos que usamos ahora requieren varias horas de cálculo en un superordenador con cientos de máquinas. Los modelos de IA son costosos de entrenar, pero pueden realizar predicciones meteorológicas de forma mucho más eficiente una vez entrenados.

Esta técnica de utilizar datos, en lugar de ecuaciones físicas, para crear un sistema de pronóstico del tiempo aprovechando el aprendizaje profundo no es exclusiva de Google. Hay más modelos basados en el *machine learning* destinados a la predicción del tiempo. Pangu-Weather es otro de ellos. Desarrollado por científicos chinos, con una base de datos meteorológicos de 39 años, es 10.000 veces más rápido que un modelo tradicional, según dicen sus creadores. Y desde que he escrito esto hasta que tú lo leas puede que hayan surgido un montón más, porque si algo tiene la IA es esto: ¡evoluciona a toda velocidad! Esa es una de sus mayores virtudes…, pero también tiene algunas sombras. Y no podemos terminar este capítulo sin repasar algunas.

Los desafíos de la IA

Como hemos visto, la IA tiene un gran potencial para revolucionar la meteorología y la ciencia climática, ya sea colaborando para mejorar la manera actual de hacer los pronósticos o proporcionando nuevas maneras de hacerlos basada en su propia naturaleza. Sin embargo, no podemos pensar que, de la noche a la mañana, vamos a tener una predicción 100 % exacta y que ya no habrá ningún hombre ni mujer del tiempo que falle en ninguna de sus previsiones. Eso no sé si llegaremos a verlo algún día, pero de momento todavía no está tan cerca, por mucha IA que utilicemos.

Primero, porque la precisión de los modelos de IA depende de la calidad de los datos de entrada, y esos datos meteorológicos y climáticos pueden ser incompletos o estar sesgados, lo que puede afectar a la precisión de las predicciones. Segundo, porque aunque las tecnologías de IA avanzan rápidamente, el procesamiento de los enormes volúmenes de datos generados por los modelos meteorológicos y climáticos sigue siendo todo un desafío, y requiere un gran poder computacional. Y, por último, porque los modelos de IA, en especial las redes neuronales profundas, son como «cajas negras»: puede ser difícil entender cómo llegan a ciertas conclusiones. Y esto plantea un problema, porque los científicos necesitan explicar las razones que hay detrás de sus conclusiones. No puedes llegar a los responsables que tienen que tomar una decisión y decirles: «Esto es así... ¡porque lo ha dicho la máquina!». Me pongo en el papel del meteorólogo que tiene que lanzar una alerta por previsión de tormenta fuerte, o dibujar la trayectoria de un huracán, y hay un responsable que debe tomar una decisión, desde suspender un partido de fútbol porque se prevé tormenta eléctrica, a evacuar a toda una ciudad porque puede impactar allí el huracán... ¿Y si luego ni llega la tormenta ni llega el huracán? Imagínate que, al pedir explicaciones al meteorólogo, responde: «Es que... ¡lo había dicho la máquina!». Eso no forma parte de la mentalidad científica, que necesita conocer el funcionamiento de las cosas y por qué se llega a esas conclusiones. Luego, los pronósticos se pueden cumplir o no, pero por lo menos se puede confiar en que el proceso se ha hecho razonadamente y con todas las garantías.

Lo que ocurre es que ahora se trabaja con la idea de que la máquina no se va a equivocar, que no existirá esa posibilidad de que alguien te venga a pedir responsabilidades: si lo ha dicho la IA, seguro que se cumplirá... Pero ¿seguro? Este dilema sigue vigente, al menos ahora, cuando estoy escribiendo esto. Todavía no hay una seguridad plena de que en el futuro se cumplan al 100 % nuestras previsiones, aún hay un margen, aunque cada vez más pequeño, de incertidumbre. Al menos ahora mismo, cuando estoy escribiendo esto. En las próximas décadas es probable que la integración entre IA y las ciencias atmosféricas se intensifique y entonces tú vivirás en un mundo en el que la incertidumbre en las previsiones del tiempo será ya una cosa del pasado. Y convivirás con la IA con la misma naturalidad con la que yo convivo ahora con internet o como convivieron mis padres con la televisión, que cuando eran pequeños ni imaginaban que eso pudiera llegar a existir.

2

EL CLIMA DEL FUTURO

En el futuro tendremos un clima distinto, eso es seguro. Seguirá cambiando, como lo ha hecho desde que existe la Tierra y como hemos visto en este libro. Pero ahora por primera vez parece posible que una misma generación de humanos pueda ser testigo de un cambio climático. El clima que habrá cuando tú seas mayor va a ser distinto al que tenían tus padres o tus abuelos cuando ellos eran pequeños. Así de rápido está ocurriendo este cambio y eso es lo que preocupa a los científicos respecto a los otros cambios climáticos que hemos tenido.

Una cosa es el tiempo y otra es el clima. Si te gusta el cine lo vas a entender enseguida: el clima sería la peli entera, y el tiempo las escenas que la componen. En una peli de risa la mayoría de las escenas son cómicas, pero también puede haber alguna escena triste o de amor. Si es un drama es al revés: la mayoría de las escenas y los diálogos son serios, aunque también puede haber algunos de humor, pero serían los menos. Pues en con el clima pasa igual: el tiempo que tenemos día a día o semana a semana —las escenas— acaban componiendo el clima que tenemos —la película—, y si la mayor parte es un tiempo caluroso, con veranos de mucho calor e inviernos con poco frío, estamos hablando de un clima cálido, aunque eso no quita para que podamos tener un invierno muy frío o una primavera en la que no se batan récords. Ahora mismo, casi un mes tras otro (con alguna excepción), casi una estación tras otra (con pocas excepciones) y casi un año tras otro, estamos batiendo récords de calor: eso significa que ya vamos hacia un clima más cálido.

¿Por qué se calienta el clima?

Si has llegado a esta parte del libro, después de haberte leído la primera parte, seguro que ya te sabes la respuesta. Cuando hablamos de cómo era el clima en la Tierra en tiempos remotos pudimos ver las causas que nos llevaron a esos cambios climáticos que han protagonizado la historia de nuestro planeta a lo largo de estos más de 4500 millones de años. De un planeta casi congelado al completo a otro en el que no había ni un gramo de hielo y la temperatura media duplicaba la actual. Cambios que tienen que ver fundamentalmente con dos aspectos: primero, con la cantidad de calor en forma de energía que entra en la Tierra y, segundo, con la cantidad de calor que no dejamos salir y que, por tanto, se queda aquí. Es lo que se llama «balance energético global». Dependiendo de cuánto calor entre y de cuánto se pueda quedar atrapado o se escape al espacio, así se calentará o se enfriará la Tierra.

Para lo primero, la energía que llega, dependemos del Sol. Según sea mayor o menor la actividad solar a lo largo de grandes periodos nos llegará más o menos energía, que puede dar lugar a cambios en el clima (acuérdate de cuando hablamos de las manchas solares o del mínimo de Maunder). Pero además de los rayos que nos manda el Sol, también influye —y mucho— la manera en que los recibimos aquí en la Tierra. Y es que desde que existe el universo la Tierra gira alrededor del Sol, claro que sí, pero no siempre lo hace exactamente igual. Nuestra órbita, el camino que seguimos para girar en torno al Sol, va cambiando a lo largo de cientos de miles de años. A veces es más abierta (más excéntrica) y otras menos, y también varía la manera en que hacemos ese camino: la Tierra está inclinada sobre su eje, pero esa inclinación, e incluso la manera de oscilar sobre ese eje, también cambian cíclicamente. El resultado que es que la energía del Sol nos llega de manera distinta en las distintas fases de esos ciclos, y eso ha dado lugar a los cambios climáticos que nos llevaron a las glaciaciones... o nos sacaron de ellas.

Pero también tenemos ese segundo aspecto de la balanza: el calor que no dejamos salir. La cosa funciona de esta manera. Los rayos del Sol llegan a la Tierra —y no todos, porque ya la atmosfera en su parte superior se encarga de desviar algunos— y calientan la Tierra. Al calentarse, la Tierra emite una radiación distinta llamada «radiación infrarroja»: eso es calor. Y esta radiación se devuelve al espacio —se escapa de aquí, podríamos decir—... pero ¡no toda! Hay una parte que se queda atrapada en la atmósfera, acuérdate de que también vimos en el primer capítulo que esa es una de las funciones de esta capa gaseosa que envuelve nuestro planeta: el efecto invernadero. Gracias a algunos de esos gases que forman la atmósfera —los que llamamos gases de efecto invernadero (el CO_2, el metano, el vapor de agua...)— es posible que exista la vida en la Tierra tal como la conocemos. Debido a sus propiedades, esos gases atrapan una parte de la radiación infrarroja y, al quedarse ese calor con nosotros, aumentan la temperatura media del planeta... y evitan que tengamos un frío invivible como el del planeta Marte, donde no hay atmosfera —ni por tanto efecto invernadero— y noche tras noche se llega hasta los 70 °C bajo cero, como también hemos contado en otro capítulo del que seguro que te acuerdas.

Pues bien, la descomposición natural de las plantas, los incendios forestales o la frecuente actividad volcánica —aunque algunas grandes erupciones volcánicas también tuvieron el efecto contrario de enfriar el clima al formar una capa de cenizas que bloquearon la luz solar, como ya sabemos— producen dióxido de carbono de manera natural. El aumento de este gas en grandes periodos de nuestra historia remota está detrás de aquellos calentamien tos del clima, como en la formación inicial de la Tierra o después, en la época de los dinosaurios. Sin embargo, ahora ese aumento del CO_2 o del metano tiene que ver con otra causa: la quema y uso masivo por parte del hombre los combustibles fósiles.

Como su propio nombre indica, los combustibles como el petróleo o el carbón son auténticos fósiles: proceden de aquellos animales, algas y plantas que habitaron la Tierra hace 200 millones de años. Sus restos orgánicos se fueron depositando en el fondo de los mares, cubiertos por capas y capas de tierra, y se han ido descomponiendo a lo largo de todo este tiempo por el trabajo de las bacterias y en condiciones adecuadas de presión y temperatura. De aquellos fósiles, estos hidrocarburos. Y como son materia orgánica están formados por carbono, que hasta ahora permanecía atrapado en capas profundas de la Tierra y que ahora, al quemar esos hidrocarburos, se libera a la atmósfera en forma de dióxido de carbono. Aumenta por tanto la cantidad de CO_2 y, consecuentemente, se incrementa la acción del efecto invernadero... y se eleva la temperatura de la Tierra: así se está calentando el clima.

En el aumento de los gases de efecto invernadero también colaboran la deforestación masiva o los cambios en el uso del suelo. Los árboles son unos grandes «atrapadores» de CO_2 y, si desapa-

recen, propiciamos que aumenten esos gases en la atmosfera al perderse con ellos esta importante función.

Desde que triunfó la Revolución Industrial, que encontró en el carbón una fuente ideal de energía para poner en marcha sus cambios, el uso de combustibles fósiles no ha parado de crecer, y paralelamente también lo hace la temperatura del planeta. Y aunque ahora sabemos que es un problema —porque cada vez somos más y usamos una mayor cantidad de estos combustibles—, ya desde entonces se sabía que el CO_2 calienta el aire. Fue una mujer, una científica llamada Eunice Foote, la primera en comprobarlo científicamente a mediados del siglo XIX. Para su experimento, rellenó varios cilindros con una composición distinta del aire y los expuso a los rayos del sol, comprobando con un termómetro que el que más dióxido de carbono tenía también era el que se calentaba más. Eunice fue la primera persona que dijo que «una atmósfera de ese gas podría darle a nuestra Tierra una elevada temperatura»... aunque no pudo exponerlo ella misma, precisamente por ser mujer. Su pionera investigación fue presentada en su nombre por Joseph Henry, entonces director fundador del Instituto Smithsoniano, en noviembre de 1856 en la reunión anual de la Asociación Americana para el Avance de la Ciencia. Muchos años después, afortunadamente, la ciencia ha ido avanzado en todos los sentidos.

Y ahora que ya sabemos cuáles son las bases del calentamiento del clima, podemos asomarnos a ver cómo será el clima del futuro por esa rendija en la puerta que nos ofrecen las investigaciones científicas: esto es lo que nos cuentan.

El clima del futuro

Es muy probable que el mundo, dentro de solo 25 años, sea un mundo más cálido, con largas olas de calor en verano y grandes periodos de sequía alternados con otros de lluvias torrenciales. Muy parecido, si te das cuenta, a lo que ya tenemos ahora, pero «a más a más», como dice mi sobrina de Tarrasa. Es decir, las olas de calor serán más largas y con temperaturas más altas, las sequías más extremas y las inundaciones más graves.

Sobre las temperaturas te cuento lo último que sabemos, porque esas investigaciones científicas no paran de salir y cuando este libro esté en tus manos seguro que hay ya alguna actualización. Pero a día hoy el último informe científico que acaba de publicarse es de la Organización Meteorológica Mundial que nos dice que 2024 ha sido el más cálido jamás registrado, superando a 2023, con una temperatura media de 1,55 °C por encima de la media de la era preindustrial (1850-1900). ¡Ojo con lo que dice!: es la primera vez que nos indican que se puede superar el 1,5 °C de calentamiento, que los científicos habían marcado como una línea roja, la cifra de peligro, que no se esperaba superar tan pronto. Lo segundo es que 2024 ha batido el récord del año anterior en cuanto a temperaturas altas se refiere; es decir, que se confirma esa tendencia del clima: cada año es más cálido que el anterior. Si relacionamos estos dos aspectos todavía podemos respirar un poco tranquilos, ya que superar el 1,5 °C en 2024 todavía no es una tendencia... Los científicos cifran en 1,3 °C el calentamiento mundial actual respecto a la era preindustrial: de aquí partimos. ¿Y entonces, cuando lleguemos a 2050? Pues si seguimos igual, ya sí que será mucho más probable que tengamos un clima de entre 1,5 y 2 °C por encima de los niveles preindustriales. Ya no será algo que se produce puntualmente un año, sino que ese sobrecalentamiento será lo normal. Y eso, claro, tendrá consecuencias para nuestra vida.

La consecuencia más inmediata de un clima más cálido es que esos periodos de calor intenso —los que llamamos «olas de calor»— serán más frecuentes, lo que repercutirá en la salud de las personas, la agricultura o la disponibilidad de agua. Las olas de calor en verano son periodos en los que las temperaturas son más altas que las ya habitualmente altas de esta estación. En verano tiene que hacer calor, claro que sí, pero hay días en los que es el calor es excesivo, eso lo sabemos todos: en España las olas de calor forman parte de nuestro clima. Si ahora la media es que duren una semana, en 2050 la duración media sería de 12 días. Por un lado serán más largas y, por otro, más intensas y, por tanto, más frecuente llegar a los 42 °C en Madrid, 44 °C en Bilbao, 45 °C en Santa Cruza de Tenerife... o 49 °C en Córdoba y Sevilla. Y eso por el día, pero en 2050 el calor no se marchará tan fácilmente por la noche. En meteorología se llama «noche tropical» a aquella en la que la temperatura no baja de los 20 °C en toda la noche. En las regiones del Mediterráneo, en

Ceuta, Melilla o en Sevilla las noches tropicales aumentarán, hasta tener entre sesenta y setenta noches así a lo largo del verano; es decir, dos tercios o más de toda la estación estaríamos con esas temperaturas nocturnas y con picos en que serán más altos. Eso también tiene un nombre: «noche tórrida» o «ecuatorial», que es cuando la temperatura mínima no baja de los 25 °C. Ahora ya tenemos algunas... y en 2050 tendremos más

¿Y las sequías? Pues también serán más extremas. En 2050 habrá más días en los que no caiga una gota, sobre todo hacia el sur del Mediterráneo. Aunque, ojo, en el clima del futuro también seguirá lloviendo. Los climatólogos piensan, incluso, que en el conjunto de un año la cantidad de lluvia será la misma que ahora, pero estará peor repartida: grandes periodos secos y, de repente, toda la lluvia de golpe. Y la sequía no solo tiene que ver con que llueva menos: cuando hace más calor, el agua disponible es menor porque se evapora y porque se consume más.

De las severas sequías que se esperan en 2050 pasaremos a lluvias torrenciales que pueden provocar inundaciones. Eso se contempla como una de las características del clima para 2050 a nivel mundial, pero también señalan de nuevo a nuestro Mediterráneo como un lugar donde es muy probable que ocurra, como está pasando ya. En la dana que en noviembre de 2024 descargó sobre Valencia y otras zonas de España, con consecuencias devastadoras, los primeros estudios de atribución —la posible relación del cambio climático con el fenómeno ocurrido— indicaron que la probabilidad de que ocurriera fue dos veces mayor en este escenario climático actual respecto al de la era preindustrial.

Otra de las consecuencias más directas de la subida de la temperatura es el aumento del nivel del mar. En nuestro planeta Tierra, a medida que aumenta la temperatura también lo hace el nivel del mar, y no porque se derrita el hielo del Ártico o el del océano que ro-

dea el continente antártico: ese hielo que flota en el agua, aunque se derrita, no aumenta su volumen. Pero sí lo hace ese otro hielo que, año tras año, vamos perdiendo, como el de los glaciares terrestres o el manto de hielo de Groenlandia. Estos hielos están situados en tierra firme y, cuando se derriten, el agua líquida fluye hacia los océanos, aumentando su volumen. Eso por un lado. Pero, además, el nivel del mar aumenta también por una propiedad física del agua que se llama «expansión térmica»: el agua caliente se expande más que el agua fría, es decir, ocupa más volumen.

En el año 2050 el nivel del mar podría estar entre 15 y 30 centímetros más alto que el actual. Incluso podría ser más, si las emisiones de gases de efecto invernadero siguen disparadas, y hay quien piensa que podríamos llegar a un aumento de hasta medio metro. En cualquier caso, 30 centímetros, en este asunto, ya es mucho. Si en 2050 el nivel del mar subiese 30 cm muchas ciudades y zonas bajas en costas, como en el sudeste asiático, islas del Pacífico y áreas costeras de países como Estados Unidos, India y Bangladesh, se inundarían con mayor frecuencia y de manera más grave. Incluso sucedería sin tormentas extremas, como ahora ya ocurre debido a los ciclones o tifones. Y es que un volumen de agua mayor, con un nivel del mar más alto, hará más fácil que ese mar, ese volumen de agua, se meta en las casas de primera línea de playa o que muchas de ellas desaparezcan, directamente, y que se haga inviable la vida en ellas. El mar se va comiendo la costa y en 2050 la primera línea de playa estará «más adentro» que ahora; la erosión de las playas será más rápida y el agua salada penetrará en muchos acuíferos cercanos a las costas, haciendo más difícil la disponibilidad de agua dulce. Las empresas constructoras tendrán más trabajo para reparar carreteras o puertos cuando se produzcan tormentas.

En España, nuestras zonas bajas cerquita al litoral podrían tener problemas, como es el caso de Parque Nacional de Doñana, en las provincias de Huelva y Cádiz, con inundaciones de agua salada que alteren la biodiversidad de las especies que allí viven o les resulte más difícil —o más caro— a las personas el acceso al agua dulce. También son vulnerables el delta del Ebro en Tarragona y el delta del Llobregat, cerca de Barcelona. En Valencia tenemos como zona vulnerable el Parque Natural de la Albufera, una laguna costera de importancia ecológica, cuyos humedales y la agricultura local podrían verse dañados por la salinización; o los paseos marítimos y zonas bajas del litoral costero del Mediterráneo, que podrían enfrentar mayores riesgos de inundación: un mar con un nivel más alto está más predispuesto a venirse «para adentro» en las tormentas y los temporales. Y en las del norte también: el Cantábrico se irá comiendo algunas playas, aunque parece que a un ritmo más lento. Lo bueno es que estos escenarios previstos para 2050 no se producirían de un día para otro de manera que nos puedan pillar por sorpresa: debería haber tiempo para actuar y, en este caso, para adaptar nuestras ciudades y evitar riegos mayores. Lo malo es que lo estamos viendo venir y no parece que hagamos lo suficiente.

El Ártico, sin hielo

Otra implicación directa del aumento de la temperatura mundial es la desaparición del hielo sobre la Tierra. Esto es algo que también te sonará, porque lo hemos visto en este libro cuando hemos hablado de los grandes cambios climáticos del pasado, pero ahora, en este periodo interglacial en el que estamos, sigue habiendo hielo en nuestra superficie planetaria: en los polos, en Groenlandia y en los glaciares de las montañas. Esta superficie helada, lógicamente, aumenta en invierno y disminuye en verano. En el caso del océano Ártico tenemos hielo durante nuestro verano en el hemisferio norte, pero, al ritmo del calentamiento actual, se prevé que para 2050 el Ártico podría estar completamente libre de hielo durante el verano. Y esto implica muchas consecuencias.

En 2050 las comunidades humanas y las especies animales cuyo hábitat es el hielo lo tendrán, como poco, más difícil. Los inuit y los sami son dos comunidades indígenas que dependen del hielo y que verían mermados no solo sus medios de vida, sino toda su cultura tradicional. En el caso de los animales, los osos polares, las morsas, las focas y algunos tipos de aves que viven, descansan o se reproducen en esos entornos helados, tendrían que adaptarse... o desaparecer. Y todos ellos forman parte de un ecosistema que empezará a desequilibrarse, así que las consecuencias también serán para otras especies y sus hábitats. Todo es una cadena. Pero las consecuencias van a más allá de estas comunidades locales: si en 2050 desaparece el hielo del Ártico se pondrá en marcha un mecanismo que agravaría más el cambio climático. Es lo que se llama «retroalimentación del sistema climático», que también te sonará porque ya lo hemos contado en este libro en alguna ocasión anterior. Por un lado, tenemos el efecto albedo: el hielo y la nieve del Ártico reflejan gran parte de la radiación solar, que es energía que se devuelve al espacio y no se queda aquí en la Tierra, no suma para el calentamiento. Pero si desparece el hielo, y si en lugar de esa capa blanca y fría tenemos el agua líquida y oscura, el mar absorberá mucho más calor y sumará más grados de calentamiento. La pescadilla que se muerde la cola, como dirían las abuelas.

Por otro lado, con el aumento de la temperatura en el Ártico no solo desaparecería el hielo del mar sino que también se descongelaría el permafrost en Siberia, Alaska, Groenlandia o Canadá. El permafrost es una capa del suelo que está permanentemente congelada en las regiones polares, aunque no necesariamente cubierta de hielo o de nieve. Está por debajo de la superficie, desde unos centímetros hasta cientos de metros por debajo, y en ella se mantienen congelados grandes depósitos de metano y dióxido de carbono. Otra pescadilla que se muerde la cola: al calentarse el Ártico y descongelarse el permafrost volverían a la atmósfera gigatoneladas de metano y de CO_2 que, a su vez, aumentarían aún más el calentamiento global. Así se ve desde aquí el año 2050 y sus peligros. Aunque hay otros asuntos que cuesta más verlos con claridad. Como el efecto del calentamiento en las corrientes del Atlántico.

La gran incógnita

A lo mejor alguna vez te has colgado de la rama de un árbol para columpiarte solo con tu peso. Adelante y atrás, colgado de tus brazos. Una rama no demasiado gruesa que incluso hasta se flexiona un poco, cede un poco y entonces dejas de columpiarte, te sueltas y la rama vuelve a su estado normal. Pero viene a colgarse ahora un amigo que pesa más que tú, o incluso tú mismo te vuelves a colgar y te columpias con más fuerza, y entonces la rama, la misma rama que antes se flexionaba, pero volvía después a su posición inicial, ahora cruje, se rompe... y te has quedado sin rama. Eso es un punto de inflexión, en este caso para el árbol, pero en todos los sistemas de la vida sucede algo similar: hay un punto a partir del cual un sistema que estaba en equilibrio comienza a comportarse de una manera completamente distinta a como lo hacía, y sus consecuencias son distintas a las que se preveían. En el caso de la rama, el punto de inflexión es que nos colguemos con más fuerza; en el caso del clima, un punto de inflexión puede ser que desaparezca del hielo del Ártico... y se modifiquen las corrientes marinas. Es lo que los climatólogos que se quieren hacer los interesantes llaman un *tipping point* climático.

La cuestión es curiosa: el deshilo podría tener como consecuencia un enfriamiento del clima en el oeste del continente europeo. Tiene que ver con un cambio profundo en las corrientes marinas y los patrones climáticos. Las grandes corrientes oceánicas son como cintas transportadoras, como esas que existen en las fábricas que llevan los productos de un lado a otro, o las que trasladan el equipaje en los aeropuertos, donde recoges las maletas después de un vuelo en avión. Son grandes cintas transportadoras distribuidas por todo el planeta, que recorren siempre las mismas zonas y van distribuyendo calor o frío a la atmósfera a través de las masas de agua fría o caliente que transportan. En el caso del aeropuerto la cinta sirve para que te puedas llevar tu maleta a casa; en el caso de los océanos sirve para regular el clima en la Tierra.

Alguna vez habrás visto alguna peli navideña ambientada en Nueva York, ¿a que siempre nieva? O alguna serie de hospitales, por ejemplo, en Boston, Massachusetts, donde siempre hay tremendas nevadas en invierno. Y mientras en Vigo, Pontevedra, ni una. Te cuento esto porque Vigo está en la misma latitud que Boston e incluso un poco más al norte que Nueva York: están en la misma zona del planeta, ocupan el mismo sitio en el mapa, igual de lejos del ecuador e igual de cerca del polo norte. Pero en unos sitios nieva a saco y en otros no. En Nueva York siempre nieva en Navidad y en Vigo solo de manera artificial y decorativa, cuando el encendido de sus ya famosas luces navideñas. Eso pasa porque aquí, en este rinconcito de nuestra península ibérica —y en el oeste Europa, en general— tenemos una temperatura más alta de la que nos correspondería por la zona del mundo en la que estamos, tan al norte como el norte del continente americano. Y eso se lo debemos, entre otros motivos, a las corrientes atlánticas que suavizan nuestro clima.

El conjunto de corrientes que nos afectan a nosotros se llama la AMOC, que son las siglas en inglés de *Atlantic Meridional Overturning Circulation*. Ojalá lo único complicado fuese el nombre. O todo fuera tan fácil como una única cinta trasportadora. Pero en realidad es algo muy complejo. En estas grandes corrientes tienes, por un lado, unas corrientes superficiales, que son producidas por la acción del viento, y otras más profundas, hacia el fondo del mar, que se generan por diferencias de temperatura y salinidad del agua, lo que se llama «circulación termohalina». El caso es que, entre el viento superficial y las aguas profundas, las corrientes que llegan a Europa —como la famosa corriente del Golfo, que viene desde la costa americana— llegan cargadas de un agua más cálida que en otras partes de la Tierra y transfieren ese calor a la atmósfera, calentando el clima de nuestros países. Gracias a la AMOC, la costa oeste europea registra una temperatura media entre cinco y diez grados superior a la que le correspondería según su latitud. Si esta corriente se debilita o se detiene —o, como dicen los científicos, llega a colapsar— ya no tendríamos ese aporte extra de calor y la temperatura media podría bajar esos cinco a diez grados: en Gales o en Galicia tendríamos el mismo clima que en Canadá o en Nueva York.

Y aquí viene lo enrevesado de este asunto: la posibilidad de que lleguemos a tener un clima más frío también sería consecuencia del calentamiento global. Debido al deshielo se están vertiendo grandes cantidades de agua dulce en las zonas de agua fría, y se altera esa circulación termohalina que, como dijimos, depende de la temperatura y de la salinidad. El agua menos salada y menos densa se hunde menos, y la cinta transportadora lo tiene más difícil para arrancar. Y lo que temen los científicos es que algún día se llegue a parar. Si esto ocurre, sería el punto de inflexión: un cambio en la manera de comportarse el clima y en los patrones climáticos, como el de la corriente en chorro o *jet stream*, que es otra corriente, en este caso en la atmosfera, donde nacen las borrascas que nos afectan. En cualquier caso, este enfriamiento de nuestro clima podría ser dentro de un siglo o de dos, y no es seguro que eso vaya a ocurrir. Y, de ocurrir, tampoco sería una buena noticia porque en el resto del mundo el clima seguiría calentándose y, al arrancar de nuevo la cinta transportadora, ¿cómo se comportaría? Esta es la gran incógnita para el clima del futuro. Pero de eso va la ciencia, amigos y amigas: ir poco a poco despejando las incógnitas del mundo partiendo de un método razonado.

Asomarse al futuro

«El futuro me interesa porque es donde pienso pasar el resto de mi vida». Eso lo dijo un humorista, y a mí gusta decirlo en alto en algunas charlas que doy o cuando presento algún evento. Y cuando lo digo escucho algunas risas en la sala, la gente sonríe porque se da cuenta de que es algo obvio, que es de Perogrullo, que está clarísimo, sí… pero que a veces se nos olvida y no lo tenemos en cuenta. El futuro nos incumbe a todos, empezando por uno mismo.

Y es difícil asomarse al futuro con las herramientas que tenemos ahora. Pero es lo que tenemos. No hay bolas de cristal como en los cuentos: hay trabajos rigurosos, concienzudos, que han pasado todos los filtros necesarios para tomárselos en serio, sobre los que se han puesto de acuerdo la mayoría de los científicos —siempre hay algunos que discrepan, como en todo— y que nos dicen que el clima se está calentando y que el del futuro será aún más cálido que el actual si no se pone freno a la emisión de gases de efecto invernadero.

Lo bueno es que lo sabemos y que, si por primera vez el hombre tiene algo que ver en el cambio del clima, por primera vez también puede hacer algo por evitarlo. O, mejor dicho, para evitarlo no, ya que sabemos que el clima va a seguir cambiando como ha hecho siempre, pero que no lo haga de una manera tan rápida, con un calentamiento tan acelerado que tenga unas consecuencias para las que no estemos preparados. Mejor actuar ahora que lamentar después. Y el que hayas tenido este libro en tus manos y que hayas llegado hasta aquí es sin duda una manera de empezar a hacerlo. Entender nuestro clima es el primer paso para mejorar nuestra relación con él y para asomarnos al futuro cargados de conocimiento: la mejor arma para vencer al miedo. Recuerda, ¡el futuro está más cerca de lo que te imaginas! Y nosotros ahora lo estamos haciendo.

¡Muchas gracias por tu tiempo!

Como muchos niños, de mayor **ROBERTO BRASERO** quería contar cosas por la tele, así que estudió Periodismo para aprender bien todos los trucos del oficio. Cuando terminó la carrera, y como era un culo inquieto, se lo curró a base de bien haciendo casi de todo: noticias, reportajes, retrasmisiones, programas especiales... Hasta que un buen día, en Telemadrid, le dijeron... ¡que hablara del tiempo! «¿¿¿QUÉEEEE???». Se puso a estudiar a fondo, a investigar eso del clima, y decidió contarlo de otra manera. Ahora es «el hombre del tiempo» de Antena 3 y tiene que vérselas todos los días con borrascas, con anticiclones y con danas, con frentes del Atlántico y calimas que llegan de África, con marejadas, marejadillas y también con olas de calor. No debe hacerlo nada mal, porque le han dado unos cuantos premios por hablar del tiempo como lo hace.

Pese al extraordinario éxito obtenido por varias de las «Pequeñas Historias» de Espasa por él ilustradas, podríamos afirmar —parafraseando a Churchill— que **JVLIVS** es «un acertijo envuelto en un misterio dentro de un enigma». Ajeno a las redes sociales, su propia existencia ha sido en ocasiones puesta en duda, incluso por él mismo. Para algunos iniciados, no es sino un seudónimo utilizado por un grupo de artistas de vanguardia en noches de luna llena. Para otros, **jvlivs** (en minúsculas) es parte del cifrado AES que protege el código fuente de una IA cuántica en fase experimental. Por no dispersarnos, quedémonos con el *dictum* que en su día sentenció la célebre tonadillera Alaska. «A quién le importa». *Nos nihil amplius addimus.*